우리 아이
스마트폰 처방전

● 디지털 세상에서 스스로 멈추고 ●
극복하는 아이로 키우기

우리아이 스마트폰 처방전

토머스 커스팅
이영진 옮김

예담아카이브

디지털 언플러깅을 향해

　나는 헬멧도 쓰지 않고 세발자전거 빅 휠을 타고 다닌 전형적인 1980년대의 아이였다. 이른 아침이면 스쿨버스를 타기 위해 700미터가량 어둑한 길을 걸었고, 때로 따돌림을 당하기도 했고, 핼러윈 때는 애들에게 달걀을 던지기도 했다. 열 살이 되자 두발자전거를 타고 온 동네를 돌아다녔다. 패드도 안 차고 몸싸움이 거친 미식축구를 했고, 가슴보호대 없이 야구를 했다. 안전띠를 매지 않고 엄마의 포드 그라나다 뒷좌석에 타고 다녔다. 여름이면 밖에서 온종일 동네 아이들과 뛰어놀았다. 계획 같은 것은 없었고 마냥 즐겁게 놀면서 모험을 즐겼다. 아타리나 닌텐도 게임기도 가지고 있었지만 그보다는 밖에서 뛰노는 시간이 좋았다. 휴대폰이 없던 시절이었다. 친구들과 나는 다른 것에 정신이 팔리지 않았다. 우리에게는 서로 어울려 노는 것

말고는 없었다. 그러다 저녁식사 시간이 되면 제시간에 돌아와 식구들과 둘러앉아 먹었다. 천하태평한 아이들이었다. 그래도 모두 안 죽고 살아남았다.

요즘 내 인생에서 가장 뿌듯한 일은 아빠 노릇을 하는 것이다. 그런데 이 일은 세상에서 가장 보람되면서 가장 두려운 일이기도 하다. 지금 내 아이들이 사는 세상은 내가 살았던 세상과는 전혀 딴판이다. 세상은 엄청나게 발전했고 많은 면에서 좋은 방향으로 달라졌다. 하지만 우리 아이들은 언제나 안전띠를 매야 하고, 헬멧 없이는 자전거를 못 타고, 핼러윈 때 친구들에게 달걀을 못 던진다. 지금의 아이들이 겪는 위험은 우리 어른들이 어릴 때 겪었던 것과는 비교도 할 수 없다. 지금의 위험은 아이답게 살기에 대한 정의, 심지어 인간답게 살기에 대한 정의마저 바꾸고 있다. 그로 인해 우리 아이들은 이제껏 겪지 못한 수준으로 정신이 아프고, 정서 불안을 겪고, 사회생활에 힘들어 하고 있다.

몇 년 전 우리 가족은 서부로 신나는 여행을 다녀왔다. 옐로스톤, 브라이스캐니언, 자이언캐니언을 둘러봤다. 평생 잊지 못할 휴가였다. 비행기를 타고 뉴욕 라구아디아 공항으로 돌아오는 시간이 너무 지루했다. 어서 빨리 짐을 찾아 집에 오고 싶다는 마음이 간절했다. 마침내 비행기에서 내려 터미널을 빠져나올 때였다. 통로를 나오는 도중 우리는 계속 뭔가에 제지당했다. 마치 SF 영화 속에라도 들어온 것 같았다. 사방이 스크린이었다. 지나가는 사람들의 손바닥 안에도 스크린이 들어 있었다. 카페든 음식점이든 의자 앞에는 공항에서 설치한 번득이는 태블릿이 어김없이 놓여 있었다. 그 안에는 소셜 미디어 앱과 게임이 깔려 있었다. 그때 내 마음속에 가장 먼저 떠오른 추억이 있었다. 내가 그런 의자에 앉아 맥주를 홀짝이면서 만났던 전 세계 사람들과 그러면서 배웠던 많은 것들이다. 공항은 이제 우리에게서 그럴 기회를 앗아 갔고 기계들을 통한 경험으로 대체해놓고 있었다. 당시 나는 부모들을 대상으로 과다한 디지털 기술이 아이들의 삶과 행복에 끼치는 부정적 영향에 관해 여러 해 동안 강연하던 터였다. 따라서 디지털 기술의 발전 상황을 어느 정도 알고 있는 편이었는데, 이때의 경험은 색달랐다. 공항의 정경은 정말 강렬한 디지털 풍경이었다.

가족과 함께 수하물 수취대로 걸어가는 동안 무력감 같은 게 밀려왔다. 터미널만 그런 상황이어서 그때까지 목격한 것에서 그쳤으면 하는 바람이었다. 하지만 그렇지 않았다. 음식점, 카페, 대기실을 지나며 본 광경은 하나같이 같았다. 사람들은 서로 단절된 채 스크린에 접속돼 있었다. 타인은 그저 타인인 상태였다. 당시 나는 강연, 카운

슬링, TV 출연 등을 통해 많은 청중을 대상으로 디지털 시대에 도사린 위험을 알리고 있었다. 하지만 그것만으로는 미흡하다는 판단이 들어 이 책을 쓰게 되었다.

이 책에 나는 디지털 주의산만 문제에서 벗어날 행동 방침을 소개할 것이다. 우선 냉엄한 진실을 직시하자. 어른 아이 할 것 없이 우리는 모두 전자기기와 스크린을 통제하지 못하고 있다. 전자기기와 스크린이 거꾸로 우리를 통제하고 있다. 이 책에서 다루는 많은 내용이 흥미로우면서도 섬뜩할 것이다. 하지만 긴 터널을 지나듯 계속 읽다 보면 마침내 환하게 쏟아지는 햇빛을 마주할 수 있다. 나는 사설 행동치료 센터를 운영하고 고등학교 상담교사로서 상담한 학생들의 이야기를 많이 나눌 것이다. 무엇보다 과학적 증빙 자료와 조사 기반 연구도 상당히 제시할 예정이다. 이를 통해 우리 디지털 세대의 아이들이 겪는 많은 문제—정서 불안, 가족 간 갈등, 학교생활 문제, 사회성 문제—의 원인이 전자기기와 스크린의 과도한 사용에 있음을 깨달을 것이다. 우리 어른과 아이를 디지털에서 언플러깅 unplugging, 플러그 뽑기 하는 일은 쉽지 않다. 하지만 나의 조언을 잘 따르면 가능하다. 특히 마지막 장에 부모와 아이가 함께 스크린 위주의 생활에서 벗어나 서로 가깝게 다가가는 팁과 방법을 실었다.

뇌가 바뀌는
아이들

1장

후천적 ADHD를
진단받는 아이들

나는 공립 고등학교에서 상담교사로 재직 중이다. 2002년부터 학교의 문제행동중재위원회에 소속되어 아이들을 만나 상담해왔다. 학생이 장애 때문에 학습에 지장을 받는다는 증거가 있으면, 위원회는 일시적, 영구적 장애를 겪고 있는 학생에게 학습 조정academic accommodations(장애 학생에게 동등한 학습 및 평가의 기회를 제공하는 방법 및 절차—옮긴이)을 제공한다. 여러 해 동안 우리 위원회에서 심리해온 일반적 장애는 뇌진탕, 당뇨병, 크론병, 특정 학습 장애였다.

그런데 2009학년도 무렵이었다. 위원회에 의뢰된 장애 유형들이 달라지기 시작했다. 소위 ADHDAttention Deficit Hyperactivity Disorder, 주의력결핍과잉행동장애를 진단받아 상담실에 오는 학생이 엄청나게 많아졌다. ADHD 행동 장애는 부주의, 산만/집중력 부족, 충동/과잉 행동 증상의 조합을 유발하는 이상 신경 상태이다. 이런 징후는 5세쯤에 발현되다가 보통 8세 무렵에 ADHD로 진단받는다. 그런데 이상하게도 우리 위원회에 의뢰된 사례들을 보니 어릴 때는 말짱하던 14세, 15세 아이들이 새로 ADHD를 진단받아서 보내지고 있었다.

나는 그전에도 이미 20여 년간 낮에는 고등학교 상담교사로서, 저녁에는 사설 행동 치료사로서 ADHD 어린이와 가족을 상담해왔다. 그런데 갑자기 ADHD 십 대 청소년이 밀어닥치는 현상이 이해가 가지 않았다. 아이들이 초등학교와 중학교를 거치는 동안 그 많은 부모와 교사가 증상을 못 보았다는 것이 가능할까? 그렇게 많은 아이가 눈에 띄지 않고 빠져나왔다니 이상하지 않은가? 도무지 말이 안 되는 상황이었다.

나는 근처 학군들의 사례까지 참고하면서 이 신종 ADHD 현상을 제대로 조사하기 시작했다. 동료 교사들 역시 내가 본 현상을 정확히 인지하고 있었다. ADHD로 진단받는 고등학생이 지나치게 많았다. 나는 개인적으로 조사하다가 세멜 신경과학 및 인간행동 연구소Semel Institute for Neuroscience and Human Behavior의 정신과 교수이자 UCLA 장수연구센터 소장인 개리 스몰 박사Dr. Gary Small의 연구를 접했다. 스몰 박사는 과학 기술 분야의 세계적 혁신가이다. 2007년에 기술이 뇌에 미치는 영향을 연구해 온라인에서 하루 1시간만 보내도 뇌의 활동 양상이 급격히 달라진다는 사실을 밝혔다.[1] 스몰 박사의 말에 따르면 "인간의 뇌는 매우 순응적이어서 늘 외부 환경에 따라 변화한다." 뇌가 받는 모든 자극은 복잡다단한 신경화학적, 전기적 결과를 초래한다. 반복된 자극에 관련 뇌신경 회로는 흥분하지만 그 외 다른 신경 회로는 무시되면서 약화한다. 발달 중인 청소년의 뇌는 특히 예민하며 현대의 디지털 기술에 가장 많이 노출되고 있다.

스몰 박사는 디지털 세대의 아이들이 전자기기를 너무 장시간 사용하다 보니 뇌가 변화하고 있다는 사실을 밝혀냈다. 소위 뇌의 신경 가소성neuroplasticity으로 인한 현상이며, 뇌가 과거의 형질을 놔두고 새로운 형질을 개발해 신경 연결neural connections을 이어나감으로써 스스로 재조직하는 능력이다. 그렇다면 디지털 세대의 '스크린 타임screen time(컴퓨터 스크린을 접하는 시간—옮긴이)'이 아이의 뇌를 변화시켜서 부주의, 집중력 부족, 산만 같은 ADHD의 모든 증상을 유발했을까? 스탠퍼드대학교의 충동조절장애클리닉Impulse Control Disorders Clinic 센터 소장 엘리아스 아부자우디Elias Aboujaoude 박사는 말했다. "우리가 짧은 재치 문구나 트윗에 익숙해질수록 복잡한 의미가 담긴 정보를 읽는 인내력이 저하됩니다. 그러면 미묘하고 심도 있는 의미를 분석하는 능력을 잃을 수도 있습니다. 모든 기술이 그렇듯 이 능력 역시 사용하지 않으면 잃겠죠."[2] 디지털 사용과 뇌 신경가소성의 관련성을 밝히는 연구는 하버드의대 정신과 임상교수 존 레이터 박사Dr. John Ratey에게 '후천적 주의력결핍장애acquired attention deficit disorder'라는 용어를 만들도록 영감을 주었다. 장시간의 스크린 노출이 아이의 뇌를 어떻게 바꾸는지 잘 설명하고 있어 '후천적' 주의력결핍장애라는 용어가 매우 매력적으로 느껴졌다. 아주 많은 십 대가 실제로는 가지고 있지 않은 장애로 오진될 가능성이 있었다. 심지어 치료를 위해 강력한 약물까지 처방받고 있었다. 나는 당시 ADHD로 진단받은 우리 학교 고등학생들을 대상으로 더 깊이 파고들기로 했다. 먼저 학생들이 초등학교와 중학교 때 상담교사와 담임교사가 작성한 기록과 메모를 수집했다. 내가 의구심을 품었던 것이 사실로 드러났다. 아이들이 유년기 교육 단계에서 ADHD 증상을 보였다는 증거를 찾을 수 없었다.

스몰 박사의 연구가 다소 최근의 주장이라 결정적인 이론으로 단정하기는 좀 이르다. 하지만 온라인에서 보내는 시간이 지나치게 많으면 주의력결핍장애 말고도 여러 문제를 겪는 것이 사실이다. 그런 아이들은 눈을 잘 못 마주치고, 타인과 상호작용하는 데도 서투르다.

스몰 박사의 획기적 연구에 뒤이어 더 많은 연구가 이루어졌다. 불안 심리, 우울증, 행동문제가 과도한 온라인 사용과 연관 있다는 사실을 밝혀낸 연구들이었다. 다소 최근의 것으로 마이클 반 애머린겐Michael Van Ameringen 박사가 시행한 연구가 있다. 캐나다 온타리오 맥매스터 대학교 신입생들을 대상으로 행동문제를 진단하는 작업을 했다. 254 명 중 인터넷 중독 기준에 부합한 신입생 수는 33명이었고, 문제성 있는 인터넷 사용 기준에 부합한 신입생 수는 107명이었다. 연구가 진행되는 동안 신입생들의 정신건강 상태도 진단했다. 인터넷 중독 기준에 부합한 신입생들은 높은 수준의 부주의, 충동, 불안, 우울 증 상을 보였다.[3]

인간의 뇌 활동 이미지를 본 적 있는가? 뇌 외벽에서 뻗어 나온 나 뭇가지 같은 전기 신호들을 보았을 것이다. 신경연결통로neuropathway 라고 하는 이 가지들은 인간의 여러 기능에 중요한 역할을 한다. 몇 가지만 거론해보자. 각 신경연결통로는 우리가 소통하는 방식, 일에 대응하는 방식, 집중하는 방식, 전념하는 방식, 사람 사이에서 사회 생활을 하는 방식을 관장한다. 가령 아이가 가지고 놀던 게임기나 스 마트폰을 빼앗기는 처벌을 받고 대응하는 방식은 뇌의 배선과 관련 이 크다. 건강한 대응을 하는 정서적 기술을 가졌다면 당연히 처벌에 짜증을 내거나 실망감을 표현하는 정도에 그친다. 반면에 건강하지 못한 대응의 정서적 기술을 가졌다면 바로 분노를 터뜨린다. 그런데 요즘에는 후자의 대응을 보이는 아이들이 점점 더 많아지고 있다.

뇌가 배선을 바꾸는 작업에는 꽤 많은 시간이 든다. 일반적으로 어떤 지속적인 자극 활동으로 배선을 바꾸는 데 하루 중 3~4시간이 소요된다. 이렇게 하루 3시간 정도 자극을 주는 것도 지나쳐 보이는데, 실상은 이보다 더 장시간 자극을 주고 있어 매우 심각하다. CNN의 최근 조사에 따르면, 평균 13세의 청소년이 높은 자극의 뇌 활동에 몰입하며 보내는 시간이 하루 중 3시간을 훌쩍 넘는다고 한다.[4] 하루 중 평균 8시간 이상, 1주 중 7일 내내 밝은 빛이 환히 빛나는 스마트폰, 태블릿, 컴퓨터 스크린을 들여다보고 있어보라. 우리는 새로운 형태의 뇌를 갖게 된다. 그 뇌 안에는 마치 크리스마스트리처럼 전구가 온통 밝혀져 있을 것이다. 새로운 환경인 사이버 공간에 적응하기 위해 신경가지들이 새롭게 뻗은 상태의 뇌이며 트윗, 포스팅, '좋아요'에 몰두하느라 교수님의 강의에 집중하지 못하는 뇌이다. 문자메시지를 보내고 받거나 게시글을 통한 소통은 잘하던 뇌가 대면(사람대 사람) 소통에는 힘들어 한다. 좀 무섭지 않은가?

2015년 12월에 〈임상정신과 저널Journal of Clinical Psychiatry〉에 실린 연구가 있었다. 21세기 전반 10년 동안 미국에서 ADHD 진단이 43%

급증했으며 현재 이 질환을 진단받은 청소년이 10명 중 1명 이상이라는 연구였다. ADHD 진단을 받은 십 대 청소년 수가 2003년과 2015년 사이에 52% 증가했다. ADHD는 전통적으로 여자아이보다 남자아이에게서 많이 발견되었다. 그런데 이 연구에 따르면, 이 질환을 진단받는 여자아이들이 55% 증가한 것으로 나타났다.[5] 연구의 목적은 ADHD 진단을 받는 청소년이 늘고 있는 근본 원인을 찾는 것이었다. 이 연구에서 지난 연구들을 참고하며 내놓은 결론은 특수교육 정책과 대중 인식의 제고가 원인이었다. 나는 이 의견에 동의하지 않는다. ADHD 진단이 증가한 원인은 전적으로 아이들의 증가한 스크린 타임과 관련 있다고 본다.

2009년, 내가 청소년 ADHD 증가 실태와 신경가소성 연구에 관해 처음 알았을 때였다. 나는 부모들을 교육할 필요를 느껴 관련 강연을 시작했다. 당시 강연 제목은 '디지털 주의산만: 디지털 시대의 육아법Digitally Distracted: Parenting in the Age of Technology'이었다. 학교들은 저녁에 강연 시간을 잡아서 학부모 대상 수업을 개설해주고는 했다. 강연 중에 나는 주로 뇌 신경가소성과 ADHD 간의 관계에 대해 전달하면서, 만성화된 비디오게임, 인터넷 서핑, 텔레비전 시청이 다양한 방식으로 아이에게 미치는 영향을 많이 이야기했다. 이 책의 다음 장에서 여러 통계치를 기반으로 더 말할 것이다. 아이는 물론이고 부모

역시 미디어 다이어트를 적극적으로 해야 한다. 그렇지 않으며 모두 가까운 미래에 정신적, 정서적 건강을 심하게 해칠 것이다. 내 강연에 참여한 학부모들은 주변 친구들에게 강연 내용이 좋다며 소문을 내주었다. 하지만 거기에서 그칠 뿐 자기 아이나 자신의 미디어 사용 습관을 바꾸는 데 필요한 조처를 한 이는 적었다. 뒤돌아보면 당시에 그분들은 나의 확실한 처방을 받아들일 준비가 안 되었던 것 같다. 나는 1년 정도 강연을 진행하다가 그만두었다. 한 텔레비전 시리즈의 사회를 맡았고 그 일에 전념해야 했고, 내 아이들도 양육해야 해서 몹시 바빴다. 하지만 디지털 미디어가 빚는 문제들에 관한 고민은 늘 나의 뇌리를 떠나지 않았다. 디지털 사용으로 인한 문제들은 이후 몇 년에 걸쳐 더 악화되고 있었다.

어느덧 시간이 흘러 2016년이 되었다. 2009년 강연에서 내가 예측했던 문제들이 눈앞에 현실화하고 있었다. 아이들은 점점 정서적으로 나약해지고 있었다. 사회성에 매우 중요한 대처 기술들을 잃어가고 있었다. 현실세계에서 대인 활동을 하는 일에 충분한 시간을 쏟지 않아서 생긴 현상들이었다. 우리가 가는 곳마다—그곳이 해변이건 야구장이건—사람들은 서로 단절된 채 기기에만 접속돼 있는 것처럼 보인다. 모두 태블릿과 스마트폰에 고개를 파묻은 채 주변 사람들은 쳐다보지 않는다. 얼굴을 맞대고 대화하는 소통은 점점 구시대 유물이 되어가고 있다. 특히 아이들의 경우, 친구들 사이의 대면face-to-face 상호 작용이 부족해져서 사회성과 의사소통 능력이 현저히 저하하고 있다. 그래서 인생을 살면서 매일 부딪히는 문제들을 처리하는 일이 요즘 아이들에게는 버겁기만 하다. 결국, 스트레스, 불안, 자존감 문제를 겪는 아이들이 점점 늘어만 간다.

요즘도 ADHD로 오진된 청소년들의 상담 의뢰가 우리 위원회에 꾸준히 들어오고 있다. 그런데 지난 몇 년 사이 이상한 변화가 포착되었다. 새로운 장애 양상인 불안장애anxiety disorders가 등장했다. 불안장애는 현재 우리 위원회가 처리하는 상담 중 가장 많은 건수를 차지한다. 내 사설 행동교정 센터에서도 지난 16년간 의뢰된 전체 불안장애 아동과 청소년 수보다 작년에 의뢰된 중증 불안장애 중학생 수가 훨씬 많았다. 원인이 뭘까? 장시간의 스크린 노출과 관련 있을까? 물론이다.

• • •〉

자, 요즘의 전형적인 16세 여학생의 생활을 보자. 이름은 새러라고 해두자. 새러 엄마는 아침마다 새러를 깨운다. 새러의 방에서는 알람이 세상이 떠내려갈 듯 요란하게 울리고 있다. 그런데 새러는 세상모르고 곯아떨어져 있다. 새러는 밤새도록 이어진 그룹 채팅을 했다. 엄마가 서너 번

흔들어 깨우자 그제야 죽은 듯이 들었던 잠에서 깨더니, 엄마에게 소리를 지르면서 마지못해 침대 밖으로 나온다. 새러가 비몽사몽 중에도 가장 먼저 본능적으로 휴대폰에 손을 뻗는다. 휴대폰은 침대 머리맡 손이 닿는 위치에 있다. 새러는 다시 휴대폰을 쥐고 밤사이에 올라온 SNS 가십과 메시지를 확인하면서 양치질도 하고 옷도 갈아입는다. 이제 엄마는 새러가 지각할까 봐 부랴부랴 차에 태워 학교로 데리고 간다. 새러는 차 안에 앉아 있는 짧은 시간 동안에도 스마트폰 화면을 엄지로 열심히 누를 뿐 주변 세계를 깡그리 망각한다. 엄마의 존재도 안중에 없다. 차에서 내릴 즈음이면 벌써 침대에서 나온 뒤로 수십 개의 메시지를 주고받은 상태다. 차에서 나와 학교 안으로 걸어 들어갈 때도 고개를 푹 숙이고 눈을 스마트폰에 고정한 채 엄지를 바삐 움직이며 메시지를 날린다. 새러는 엄마에게 고맙다는 말도 안녕히 가시라는 말도 하지 않는다. 새러는 심각한 디지털 주의산만에 빠져 있다.

안타깝게도 이는 요즘 아이들을 정확히 그린 묘사다. 이런 모습이 생소하기만 한 부모들은 요즘 애들이 다 그렇다고 위안하면서도 어떻게 해야 바로잡을 수 있을지 고심하고 있다. 그런데 딱히 방법을 모른다. 더 걱정스러운 것은 새러 같은 전 세계 수백만 명의 남자아이와 여자아이가 가끔이 아니라 일상적으로 이렇게 행동한다는 사실이다. 매일 눈 떠 있는 모든 시간 동안 전자기기에 딱 붙어서 땅 위의 삶은 깡그리 잊는 아이들이 많다. 이런 아이들의 뇌는 주변 세계와 단절된 상태라 현실에서 겪은 사건이나 어려움을 다루는 일에 버거워한다.

신경가소성으로 인해 이런 부정적 결과가 정말로 일어날 수 있다. 그런데 더 염려되는 것은 신경계 가지치기neural pruning이다. 신경계 가지치기는 청소년기에 자연스럽고도 정상적으로 일어나는 뇌 활동이다. 평소 자주 사용하지 않던 신경 경로들을 뇌에서 스스로 제거하는 활동이다. 영화 〈인사이드 아웃Inside Out〉을 보면 가족과 함께 새 도시로 이사한 후 적응하려고 노력하는 11세 소녀 라일리의 뇌 안에서 신경 가지치기가 일어난다. 라일리의 뇌에서 기쁨을 비롯한 여러 감정들이 신경 가지치기에 맞서 싸우다가 결국 성장 과정의 일부로 받아들인다. 그런데 뇌 안에서 일어나는 변화는 영화처럼 늘 긍정적이지는 않다. 예를 들어, 청소년들이 대면 소통이 아닌 문자메시지 소통으로 많은 시간을 보낸다면, 뇌는 대면 소통을 잘하는 데 필요한 신경 경로들을 솎아서 제거한다.

물론 결정적 이론을 내기까지는 더 많은 연구가 필요하다. 하지만 청년들 사이에서도 몇 년 동안 스크린만 보며 지내다 겪게 된 뇌의 변화로 낯선 사람과 대화하거나 취업 면접을 보는 간단한 일도 어려워하는 현상이 많이 생겼다. 최근에 내가 만나서 대화해본 채용 담당자들은 요즘에는 면접하다 보면 대학 졸업생에게서 뭔가 부족하다는 느낌이 든다고 말했다. 취업하겠다고 오는 학생들에게서 카리스마도 안 느껴지고 사회성 기술도 엿보이지 않는다는 것이었다. 면접관과 얼굴을 마주보며 앉아 있는 모습 자체가 매우 부자연스럽다고 한다. 이런 현상은 우리 사설 행동교정 센터에서도 많이 발견된다. 내가 상담하는 청소년들은 대화하는 동안 눈을 잘 못 마주친다. 사회 활동이나 집단적 교류 활동에 참여할 때도 불안한 모습을 보인다. 상담을 받는 아이의 부모는 아이가 친구를 사귀려고 애쓰지 않는다고 한다. 친구 집에 놀러 가거나 친구를 집에 부르지도 않는다. 이렇게 사회성 낮은 아이들이 늘어나는 이유는 신경 가지치기 때문일 것이다. 이런 질문을 해보자. 사회성 기술을 담당하는 신경 경로들이 끊어지면 사회화가 어떻게 가능할까?

내가 아이들에게서 매일 확인하는 또 다른 문제는 대처 능력 부족이다. 지난 몇 년간 내 상담실을 찾은 아이들은 C 성적을 받거나 소셜 미디어에서 거친 발언을 들었다는 이유로 정신붕괴meltdown를 겪은 일이 많았다. 이런 대처 능력 상실도 신경 가지치기와 관련 있을까? 나는 그렇다고 본다. 결론적으로 이렇게 말할 수 있다. 그 어느 시대보다 요즘 아이들은 현실세계를 떠나 살고 있다. 그래서 효과적으로 소통하고, 사회생활하고, 실제 삶의 문제에 대처하기를 버거워한다. 나는 아이들의 뇌 안에서 신경회로의 단락 효과short-circuiting effect가 일어나 감정이 곤두박질치고 여러 정신적, 정서적 장애가 나타난다고 믿는다.

1990년대 후반 대학원을 다니던 시절에 '약물의 생물심리사회적 관점The Biopsychosocial Perspectives of Drugs'이라는 과목을 공부했다. 당시 담당 교수 해멀레 박사Dr. Hamaerle는 중독이 뇌 기능을 변화시키는 과정에 대해 다음과 같은 이야기를 들려주었다.

••• ➤

어느 날 밤 경찰관이 미등이 깨진 자동차를 보고 45세 남자의 차를 세웠다. 남자는 창문을 내리고 운전면허증과 차량등록증을 보여주었다. 그때 경찰관은 차 안에서 심하게 풍겨 나오는 술 냄새를 맡았다. 경찰관은 남자에게 술을 마셨냐고 물었다. 남자는 아니라고 답했다. 남자는 혀 꼬부라진 소리를 내거나 술에 취한 증상을 보이지 않았다. 하지만 경찰관은 차 안에 진동하는 술 냄새를 지나칠 수 없었고 남자를 내리게 했다. 적절한 현장 음주 테스트를 수행했지만 남자는 의기양양하게 통과했다. 술에 취한 증상은 전혀 보이지 않았다. 하지만 차 안의 술 냄새를 이상하게 여긴 경찰관은 남자를 경찰서로 데리고 가 음주측정을 확실하게 해보았다.

그 당시 처벌되는 혈중알코올농도BAC는 0.10이었다. 0.10 이상은 음주 운전 판정을 받았다. 보통 BAC가 0.20이면 만취고, 0.30은 혼수상태, 0.40은 대개 사망을 뜻한다. 그런데 검사 결과 남자의 BAC는 무려 0.62였다. 경악스러운 수치였다! 그렇다면 남자는 어떻게 술 취한 증상을 보이지 않았고, 심지어 멀쩡히 살아 있기까지 했을까? 다음 날 남자는 술에서 깨자 유치장에서 풀려났다. 그런데 오히려 그때부터 전형적인 만취 증상을 보였다. 혀 꼬부라진 소리를 내는가 하면 몸을 부들부들 떨면서 갈지자로 걸었다.

이 이야기는 인간의 뇌가 지닌 강력한 힘을 보여준다. 남자는 매일 술을 퍼마시는 알코올중독자였다. 그러다 보니 뇌가 새로운 정상 상태인 술 취한 상태에 적응한 것이다. 그의 뇌는 술에서 깬 상태가 낯설었고 취한 상태가 정상 상태였다. 이 이야기는 내가 상담하는 어린이와 청소년이 보여주는 현상과 비슷하다. 이 아이들은 대부분의 시간을 사이버 공간에서 보낸다. 따라서 뇌가 그곳의 새로운 환경에 적응돼 있고 실제 세계를 낯설게 느낀다. 이런 청소년이 성인이 되면 어떻게 될까? 내가 상담했던 잰이라는 아가씨처럼 될지도 모른다.[6] 잰은 아주 안타까운 상황에 빠져 있었다.

••·>

잰은 24세의 밀레니얼세대였다. 불안증으로 나의 개인 상담실을 찾았다. 나는 만나자마자 그녀의 불안 심리를 느꼈다. 그녀는 정신적으로 피폐했다. 늘 걱정을 떨치지 못해 끝없이 밀려오는 불안감에 휩싸여 지내고 있다고 했다. 도움이 필요했다. 그녀는 대학 졸업생이었지만 안전하다는 이유로 도전적이지 않은 직장에서 아르바이트를 하며 지내고 있었다. 불안감이 세상 속에 뛰어들어 대학 졸업장으로 들어갈 직업을 구하지 못하게 막았다. 상담 동안 잰이 평소에 디지털기기를 얼마나 사용하는지 자세히 살폈다. 매일 저녁 퇴근한 뒤 집에서 하는 일을 묘사해보라고 했다. 그러자 컴퓨터를 켜고 스마트폰을 스크롤하고 TV를 보는 게 일상이라고 답했다. 나는 잰이 매일 중간중간 수행할 과제를 두 가지 전했다. 첫 번째 과제는 자신의 감정을 계속 추적해 전자기기를 사용하는 동안 불안감을 느끼는지 확인하는 것이었다. 두 번째 과제는 매일 전자기기 같은 산만한 것들을 없앤 채 15분간 완전한 정적 속에 앉아 있는 것이었다. 잰은 한 번도 해본 적 없지만 시도해보겠다고 했다.

다음 주에 상담실을 다시 찾은 잰이 말했다. 전자기기를 사용할 때는 어떤 불안도 느끼지 않는데, 15분간 명상할 때는 전자기기와 연결이 끊어져 극심한 공황과 불안 심리를 겪었다고 했다. 그래서 명상을 두 번밖에 못 했다고 했다. 나는 잰이 사이버 세계에 계속 접속되어 있다 보니 오히려 현실세계를 무섭고 낯선 곳으로 느끼게 되었다고 결론 내렸다. 생각해보면 그럴 가능성이 충분하다. 이렇게 비유해보자. 평생 우리에 갇혀 지내던 사자가 야생으로 풀려나면 무슨 일이 벌어질까? 사자에게 익숙한 서식지는 야생이 아니라 우리다. 따라서 사자는 생존하지 못할 것이다. 사자에게는 야생이 오히려 낯선 곳이다. 잰도 마찬가지다. 사이버 세상에서는 별 탈 없이 잘 지냈다. 하지만 현실세계로 돌아오면 새롭게 적응하기 위한 노력이 많이 필요하다. 이 책의 마지막 장에서 해결을 위한 방법을 알려줄 것이다.

안타깝게도 내가 상담한 많은 아이들이 미래에 잰처럼 될 가능성이 높다. 앞에서 언급했듯, 사소한 일에 정신붕괴를 겪고 찾아오는 고등학생을 진정시키는 일을 하지 않은 날이 없다. 3장에서 아이들의 감성지능emotional intelligence을 높여 도움이 될 방법을 소개할 것이다. 이번 장에서는 얼마 전 상담했던 청소년들의 사례를 먼저 보겠다.

어느 날 고민에 가득 찬 학부모의 전화를 받았다. 십 대 아들이 자살 충동을 느끼고 있어 학교를 보내기가 힘들다며 도움을 청했다. 다행히 그날 바로 가족 상담을 잡을 수 있었다. 화목하고 단란한 가족으로 보였는데, 아들은 정신적으로 몹시 힘들어 하는 듯했다. 상담해보니 이런 일이 있었다. 아버지가 아들의 휴대폰에서 부적절한 내용을 발견했고 처벌로 휴대폰을 압수했다. 그런데 다음 날 부모는 아들이 자살 메모 비슷하게 써놓은 장문의 글을 보았다. 아들의 말인즉 전화기가 없어져 친구가 없으니 '인생이 끝난' 것 같아 죽고 싶다는 것이었다.

어느 날에는 딸 때문에 걱정이 태산인 엄마로부터 전화가 왔다. 딸이 소셜미디어에서 가장 가까운 친구가 다른 친구와 어울리는 것을 보았고, 친구가 자기를 외면할까 봐 우울증에 빠졌다고 했다. 엄마는 딸의 일기를 몰래 조금 보았다. 자기는 인기가 없고 못생겨서 사람들과 있으면 불안하고 그저 죽고 싶다고 적혀 있었다고 한다. 딸이 소셜미디어를 얼마나 사용하느냐고 묻자 매일 24시간 붙어 있는 것 같다고 했다.

운동 코치인 내 친구가 주말에 겪었던 일을 이야기해준 적 있다. 친구는 팀과 함께 코네티컷주로 1박 2일의 여행을 갔다. 그런데 경기를 위해 머물던 시설의 주인이 한 가지 규칙을 제시했다. 그곳에서 휴대폰 사용을 금지한다는 것이었다. 주인은 휴대폰이 참가자들을 산만하게 만들어 팀워크를 해친다고 설명했다. 그러자 한 학생의 부모가 큰일이 생겼을 때 딸과 연락할 수 없으면 어떻게 하냐면서, 자신의 권리를 박탈당했다며 주인을 고소하겠다고 위협했다는 것이다. 나는 그 학부모의 딸이 불안장애와 공포증을 겪고 있지 않은지 궁금하다.

2장으로 넘어가기 전에 이야기를 하나 더 들려주고 싶다. 최근에 나는 아홉 살 딸이 맹금류 병원으로 체험학습을 갈 때 따라갔다. 함께 수업을 듣고 있는데 진행자가 새끼 때 다친 예쁜 올빼미를 보여주었다. 올빼미는 아이들에게 인기가 많았다. 여러 해 동안 시설에서 살아온 터라 인간에게 아주 친숙히 굴었다. 한 아이가 올빼미를 왜 야생으로 돌려보내지 않느냐고 물었다. 그러자 진행자는 부상이 나았지만 야생으로 돌아가도 먹이 잡는 법을 몰라 굶어 죽을 수 있어 보내지 못한다고 설명했다. 그 올빼미는 '자연 서식지'에서 생존하는 법을 모를 것이다.

우리 아이들도 내가 말한 올빼미나 사자와 크게 다르지 않다. 다른 면이 있기는 하다. 아이들이 사용하는 전자기기가 아이들을 죽이지는 않는다. 하지만 우리는 아이들이 자연 서식지—아이들을 둘러싼 물리적 세계—에서 발달하도록 해주어야 한다. 옷도 더럽히고 무릎도 까지면서 친구들과 뛰어놀아야 한다. 하늘을 올려다보고 손가락으로 구름을 따라 그리며 상상의 나래를 펼쳐야 한다. 그게 아이들다운 생활이다. 집 안에서 컴퓨터 앞에 앉아 있는 시간보다 밖으로 나가 파란 하늘을 보며 노는 시간이 더 많아져야 한다.

2장

사이버 세상에
상주하는 아이들

2005년 카이저 가족 재단Kaiser Family Foundation은 '2004 어린이/청
소년 미디어 사용 실태 연구' 결과를 발표했다. 아이들이 사용하는 전
자 미디어의 양과 유형의 추세를 조사했고, 8~18세 어린이와 청소년
이 전자 미디어를 사용하는 시간이 하루 중 6시간 30분이라는 사실이
밝혀졌다.[7] 조사는 4년마다 시행되었다. 그런데 2008년 조사가 시행
되고 연구자들은 결과를 확신할 수 없었다. 아이들이 전자기기 앞에
서 보낼 수 있는 시간은 전 조사의 하루 6시간 30분이 이미 최대치라
고 여겼기 때문이다. 그들은 아이들이 전보다 더 오래 전자기기를 사
용하기는 불가능하다고 보았다. 그보다 더 오래 여유를 낼 시간이 없
다고 본 것이다. 아무튼 그래서 2008년의 조사는 다시 수행되었다.

결과는 놀라웠다. 아이들이 전자 미디어를 사용하며 보낸 시간은 일주일간 7일, 하루 중 7시간 38분으로, 4년 전 조사보다 1시간 넘게 늘었다.[8] 일주일간 보통의 전일제 노동자가 직장에서 보내는 시간보다 미국의 보통 아이가 전자기기에 접속하는 시간이 더 길었다. 실제로 아이들은 하루 동안 잠을 포함한 일상 활동 시간보다 전자기기를 쓰는 시간이 더 많았다. 이런 결과를 낳은 시대적 변화는 2004년과 2008년 사이에 벌어졌다. 바로 유튜브와 페이스북의 출범이었다. 소셜미디어라는 게 탄생한 것이다.

2008년 카이저 연구에서는 텔레비전, 휴대용 음악 청취기기, 컴퓨터, 게임이라는 4가지 범주를 대상으로 아이들이 각 미디어 사용에서 보이는 특징을 추적했다. 조사 결과는 다음과 같았다.

TV

- 8~18세가 TV를 시청하며 하루 중 4:30 시간을 보냈다.
- 99%의 가정이 적어도 1대의 TV를 보유하고 있었다.
- 80%의 가정이 3대의 TV를 보유하고 있었다.
- 71%의 8~18세가 자기 방에 TV를 보유하고 있었다. 이 아이들은 하루 중 1시간 이상 TV를 시청했다.
- 50%의 8~18세가 TV 시청 규칙을 가지고 있지 않았다.

- 75%의 15~18세가 TV 시청 규칙을 가지고 있지 않았다.
- 64%의 가정이 저녁식사 동안 TV를 켜두었다.
- 평균 18세가 텔레비전에서 20만 건의 폭력 장면을 시청했다.

컴퓨터

- 컴퓨터를 사용하는 시간이 2004년부터 2008년 사이에 50% 증가했다.
- 가장 인기 있는 3가지 컴퓨터 활동은 소셜네트워크, 컴퓨터 게임, 유튜브였다.
- 62%의 어린이와 청소년이 자신이 웹에서 본 것에 대해 부모에게 거짓말한다고 밝혔다.
- 53%의 어린이와 청소년이 자신이 인터넷에서 본 것을 부모가 알 수 없도록 사용기록을 삭제했다.
- 75%의 7학년~12학년(중고등학생)이 소셜미디어 프로필을 만들어 보유하고 있었다.
- 11~14세가 페이스북에서 매일 1:07의 시간을 보냈다.

게임

- 50%의 어린이와 청소년이 자기 방에 게임 시스템을 갖추고 있었다.
- 52%의 게임이 휴대기기에서 플레이되었다.
- 게임을 하는 이들은 하루 2시간 게임을 하며 보냈다.

- 25%의 8~10세가 폭력적인 게임을 했다.
- 60%의 11세~14세가 폭력적인 게임을 했다.
- 72%의 15세~18세가 폭력적인 게임을 했다.

음악 청취기기

- 음악 청취는 8세~18세가 두 번째로 즐기는 미디어 활동이었다.
- 8세~10세가 음악을 들으며 보내는 시간은 매일 1:08 시간이었다.
- 11세~14세가 음악을 들으며 보내는 시간은 매일 2:22 시간이었다.
- 15세~18세가 음악을 들으며 보내는 시간은 매일 3:03 시간이었다.

카이저 연구는 이 세대가 21세에 이를 무렵이면 다음과 같은 상황이 될 것으로 내다봤다.

- 게임을 최소 1만 시간 하게 된다.
- 이메일과 문자를 225만 건 주고받게 된다.
- 휴대폰을 사용하며 1만 시간을 보내게 된다.
- 2만 시간 이상 TV를 시청한다.
- 10만 건 이상의 광고를 보게 된다.

이 통계치도 놀라운데, 더 놀라운 사실은 2008년에는 스마트폰이나 태블릿PC가 나오지 않던 때라 조사에서 빠져 있다는 것이다. 지금은 거의 모든 사람이 모든 형태의 미디어에 접근할 수 있는 스마트폰을 들고 다니는 모습을 어디서나 볼 수 있다. 아이들이 2008년부터 디지털기기를 하루 7시간 38분씩 사용했다면 지금쯤 얼마나 많은 시간이 누적되었을까?

2015년 10월에 커먼센스 미디어Common Sense Media(아이들의 안전한 디지털 및 미디어 사용을 교육하기 위해 만든 비영리단체—옮긴이)는 청소년의 미디어 다이어트를 연구하기 위해 대규모 통계 기반 설문 조사를 시행했다. 결과에 따르면, 미국의 보통 십 대가 학교 수업과 관련된 것 외에 전자미디어에 몰입해 보낸 시간은 하루 중 9시간 즉, 주당 63시간이었다. 연구에서 '헤비' 유저로 분류된 아이들의 스크린타임은 하루 중 13시간 20분이었다. 정말 믿기 힘든 수치다.[9]

＃ 물리적 현실에서 겪는 문제

스마트폰을 보며 침대를 빠져나오던 십 대 소녀 새러를 기억하는가? 새러의 모습뿐 아니라 고등학교에서 쉬는 시간에 복도로 나오는 학생들의 풍경을 보면 가히 충격적이다. 거의 모든 학생이 귀에 이어폰을 끼고 고개를 숙이고 폰에 눈을 고정하고 있다. 점심시간의 학교 식당 풍경도 마찬가지다. 학생들이 옆 친구들과 단절된 채 노트북, 태블릿, 스마트폰에 빠져 있다. 이 학생들의 집에 따라가 보면 정말 삭막한 풍경이 펼쳐질 것이다. 친구들과 그룹 채팅이나 댓글로만 끝없이 소통하느라 가족과는 거의 대화하지 않을 것이다. 문제는 이게 끝이 아니다. '가상현실'이 너무 보편화하여 그로 인해 사망하고 부상하는 사건들마저 일어나고 있다. 〈LA 타임스〉의 2016년 7월 14일자 기사를 보자. 두 남자가 포켓몬고 게임을 하다가 해안 절벽 끝에서 떨어져 구조된 사건이 있는가 하면, 공원에서 칼부림이 벌어진 사건도 있다.[10] 포켓몬고 게임이 출시되고 미국 전역에서 경찰이 출동한 포켓몬고 관련 사건 사고가 아주 많았다.

〈뉴욕 포스트〉 2016년 1월 27일자 헤드라인에는 이런 기사가 실렸다. "테크에 치중해 자기 이름도 못 쓰는 뉴욕 학생 너무 많아." 정말 그렇다. 키패드와 화면에만 익숙해 자기 이름도 서명하지 못하는 학생이 너무 많다.[11] 언젠가 이 학생들이 수표, 신용카드, 계약서에 제대로 서명할 줄 모르는 날이 올 수도 있음을 의미한다. 얼마나 무서운 상황인가! 우리 중 이처럼 극단적인 상황을 기대한 이는 없었다. 하지만 매우 현실적인 문제로 다가오고 있다. 기사는 아이들이 디지털에 지나치게 몰두하면 정신적, 정서적 능력뿐 아니라 순수한 운동

능력 역시 어떤 식으로든 퇴보할 수 있음을 보여준다.

대학생을 대상으로 지난 몇 년간 수행한 연구도 있다. 대학생 대다수가 스마트폰으로 인해 환각 상태를 경험했다는 연구였다. 그렇다. 정말 환각 상태다. 이를 '유령진동증후군phantom vibration syndrome'이라고 한다. 설문조사에 응한 학생 중 대다수가 2주에 한 번 정도 이 유령진동증후군을 경험했다. 전화기가 진동하지 않았는데 주머니에서 울리는 느낌을 받았다는 것이다.[12]

나도 15년 전쯤 첫 휴대폰을 샀을 때 이런 현상을 경험했다. 항상 휴대폰을 진동 모드로 설정하고 주머니에 넣고 다녔는데, 어쩌다 주머니에서 진동이 느껴져 손을 넣어보면 주머니는 비어 있고 폰은 책상 위에 있었다. 처음에는 왜 그런 가짜 진동을 느끼는지 이해가 안되다가, 어쩌면 파블로프의 조건반사의 일종일지도 모른다는 생각이 들었다. 나는 내게 문제가 없는지 확인하기 위해 의사를 찾아갔다. 의사에게 내 다리 근육이 전화기 진동을 느끼는 방법을 학습했을 가능성이 있는지 물어본 기억이 난다. 의사는 좀 의아해하는 표정을 짓다가 "예, 그럴 수 있겠네요"라고 대답했다. 아마 의사는 나의 사례를 통해 그날부터 뭔가를 알게 되었을 것이다.

'셀카(셀피)' 역시 건강에 위협이 된다는 사실을 밝힌 연구들이 있다. 셀카를 찍다가 절벽에서 떨어지거나 자동차가 달리는 도로로 걸어가는 경우를 말하는 것이 아니다. 셀카 사용으로 인해 마땅하게 일어날 수 있는 신체상 건강 문제를 말하는 것이다. 영국 일간지 〈텔레그래프〉 기자 헬레나 호튼Helena Horton은 많은 인터넷 및 셀카 중독자들이 '셀카 위통'을 겪고 있다고 보도했다.[13] 호튼은 자칭 '셀카' 중독자인 21세 미셸 고어의 이야기를 기사로 다뤘다. 고어는 셀카를 너무 많이 찍다가 티체Tietze증후군(흉부에 원인 모를 통증이 느껴지는 증상―옮긴이)을 경험했다고 한다. 이 질환은 갈비뼈 연골에 심한 무리가 가면 생긴다. 고어는 하루에 약 200장의 셀카를 찍었다. 샤워할 때도 찍을 수 있게 휴대폰에 방수 케이스를 씌웠다. 그러던 어느 날 아침, 잠에서 깬 고어는 자신이 온갖 기기의 케이블에 칭칭 동인 것을 보았다. 그 계기로 드디어 기계들과 단절하기로 했다.

젊은 층에서 발견되는 이상 신체 현상인 '테크 넥tech neck'도 있다. 들어본 적이 없다면 중년의 턱 아래로 축 늘어진 피부를 떠올리면 된다. 요즘 이 질환은 18세에서 31세의 연령층에서 발생한다. 피부과 전문의들은 턱살이 늘어나는 이 현상의 원인을 휴대기기 사용에서 찾고 있다. 스마트폰과 태블릿을 보느라 줄곧 목을 구부리고 있으면 생기기 때문이다. 예전에는 중년 후반이 겪는 증상이었지만 지금은 많은 젊은 여성이 이 증상으로 피부과 의사를 찾고 있다.[14] 허리와 목에 생기는 질환도 문제다. 〈국제의과기술Surgery Technology International〉에 발표된 논문에 따르면, 휴대기기를 많이 사용하면 허리와 목에 질환이 발생한다고 한다. 논문의 저자 케네스 한스라지Kenneth Hansraj는 "머리를 앞으로 기울이고 있으면, 목에 가중되는 힘이 목이 기울어진 각도에 따라 15도에서는 12kg, 30도에서는 18kg, 45도에서는 22kg, 60도에서는 27kg로 증가한다"고 말했다. 한스라지는 경고했다. "만성적으로 스크린을 오래 보면 외과 수술이 필요한 지경까지 허리와 목 근육이 악화할 수 있다."[15]

마지막으로 예일 의과대학 연구원들과 저명한 외과의사 데브러 데이비스 박사Dr. Devra Davis의 연구를 소개하고자 한다. 이들은 휴대폰이 실제로 뇌종양을 유발한다고 주장한다. 2016년 5월에 열린 심포지엄에서, 예일대 연구원들과 데이비스 박사는 발달 중인 어린이의 뇌가 성인의 뇌보다 마이크로파 방사선을 2배 많이 흡수한다는 사실을 뒷받침하는 연구 결과들을 발표했다. 심포지엄에 참가한 의사들은 유년기에 장기간 방사선에 노출되면 나중에 암 발병을 겪을 수 있다고 우려를 표시했다. 연구자들은 뇌종양 같은 암은 뿌리내릴 때까지 10년~20년이 걸리므로, 휴대폰 사용의 실제 위험성이 파악되기까지는 오랜 시간이 흘러야 한다고 말했다.

심포지엄에 참여한 의사들은 자궁 속 아이의 뇌는 휴대폰 방사선에 특히 취약하다고 경고했다. 데이비스 박사는 임산부는 복부 가까이에 휴대폰을 두면 안 되고 특히 임신 말기일수록 조심해야 한다고 조언했다.[16]

⌗ 디지털 주의산만으로 인한 문제들

최근에 나는 고등학생들의 학교생활 문제와 관련해 학교 관리자들과 교사들이 소집한 회의에 참석했다. 모인 이들은 악화하는 학생들의 정신 건강을 다루는 일이 가장 큰 과제라는 사실에 동의했다. 회의 중 학업 문제와 정신 건강 문제를 둘러싸고 제기된 모든 논의가 디지털기기 사용으로 수렴되었다. 그 자리에서 교장 선생님은 본인이 최근에 겪은 일을 이야기했다. 복도에서 학생들에게 인사해도 아이들이 자기를 무시하고 지나쳤다는 것이다. 처음에는 아이들이 버릇없다고 생각했다. 그런데 알고 보니 무시한 것이 아니라 이어폰으로 음악을 듣느라 못 보고 지나쳤고, 거의 모든 학생이 귀에 이어폰을 끼고 있더라는 것이다.

그러자 교감 선생님도 이야기를 소개했다. 지역신문 기사에 난 열차에 치여 죽은 27세 청년의 불행한 이야기였다. 사고가 난 철로는 우리 집에서 가까운 뉴저지주 램지에 있었다. 그곳 기차역에는 철로 두 개가 교차하는 교차로가 있다. 한쪽 통근열차가 철로에 정차하고 문이 열리면 내리는 사람들은 다른 쪽 철로를 달려오는 열차를 볼 수 없다. 그곳에서 사람이 죽은 일이 처음은 아니었다. 몇 년 전에도 열차가 완전히 정차하고 문이 열린 상태에서 한 사람이 교차로에서 다른 쪽 열차를 기다리고 있었다. 그는 정차한 열차 앞을 돌아서 다른 쪽 철로로 열차를 타러 걸어갔다. 안 보이는 사이에 그쪽 철로의 열차가 달려올 수도 있다는 사실을 깜빡한 것이다. 안타깝게도 열차가 갑자기 달려왔고 그는 죽었다.

비극적인 사고가 일어난 후 철도회사는 사고 예방 조치로 교차로 주변 여기저기에 경고 표지판을 붙였다. 다른 쪽에 철로가 있으니 열차 주변으로 돌아가지 말라는 내용이었다. 교감 선생님이 전한 27세 청년의 이야기는 몇 년 전 사고와 모든 상황이 비슷했다. 한 가지 사실만 달랐다. 이번 사고에서 청년은 이어폰을 착용하고 있었다. 나는 이어폰 때문에 달려오는 열차 소리를 듣지 못했다고 보지 않는다. 정차한 열차의 소리가 아주 시끄러워서 다른 사람들도 다른 쪽에서 오는 열차 소리를 잘 듣지 못한다. 청년은 이어폰 때문에 집중력이 떨어져 여기저기에 붙은 커다란 경고 표지를 못 본 것이다.

학교에서, 특히 고등학교에서 복도를 다니거나 점심을 먹을 때 이어폰을 빼지 않는 청소년이 많다. 자신만의 작은 세계에 틀어박힌 채 주변의 일을 종종 망각하는 상태다. 이 아이들이 달리는 열차에 치일 위험은 적다. 하지만 중요한 사회적 기술을 잃거나 주변 세계에서 벌어지는 경이로운 일들을 모르고 성장할 위험이 있다.

내가 상담하는 부모 중에는 아이가 숙제하는 동안 음악을 들을 수 있게 허용하는 이들이 많다. 아이들이 그렇게 하면 집중이 더 잘된다고 얘기한다는 것이다. 연구가 더 필요하겠지만, 나는 시끄러운 음악을 듣는 것이 어려운 수학 방정식을 풀고 훌륭한 에세이를 쓰는 데 도움이 된다고 보지 않는다. 동의하지 않는다면 한번 시도해보기 바란다. 소설을 읽을 때 좋아하는 음악을 동시에 들으면서 읽어보라. 독서에 집중하기가 어렵다는 사실을 알게 될 것이다.

나는 헬스클럽에서 일립티컬머신(자전거 형태의 유산소운동기구—옮긴이)을 탈 때 늘 킨들을 읽는다. 그런데 아는 노래가 스피커에서 나오면 읽던 페이지를 계속 읽기가 힘들어진다. 그리고 아이들의 진짜 문제는 이어폰이 익숙해져서 사용하지 않으면 불편하게 느낀다는 것이다. 맨발로 슈퍼마켓을 갈 때 느끼는 불편과 비슷하다.

4장에서는 멀티태스킹에 대해 자세히 다뤄 독자의 판단을 도울 것이다. 우선 3장에서는 디지털기기가 아이들의 자존감에 미치는 영향을 살펴보겠다.

3장

소셜미디어와 자존감

1장에서 신경가소성(뇌가 신경회로를 다시 배선함으로써 환경에 적응하는 능력)이 아이들의 정신적, 정서적 건강과 어떤 연관을 맺는지 살펴보았다. 이번 3장에서는 아이들이 소셜미디어에 노출돼 어떤 콘텐츠들을 접하는지 그리고 그것이 정서적으로 미치는 영향을 살펴볼 것이다. 여기서 말하는 콘텐츠는 일반적으로 해로운 온라인 활동으로 여겨지는 폭력, 포르노, 왕따 같은 것들이 아니다. 나는 스냅챗 Snapchat, 트위터 Twitter 같은 사이트에서 공유되는 셀카나 트윗처럼 악의 없고 해롭지 않다고 여겨지는 콘텐츠가 지닌 문제들을 다룰 것이다. 이런 유형의 게시물은 폭력적이고 성적인 게시물에 비하면 해롭지 않아 보인다. 하지만 그 안에는 눈에 보이는 것 이상의 문제들이 있다. 자, 내 설명에 귀를 기울이시기 바란다.

인터넷의 게시물, 사진, 댓글은 아이들 사이를 계속 떠돌다가 예기치 못한 문제를 일으킬 수 있다. 아이들이 인터넷에서 서로 던지는 조롱이나 사소한 놀림을 예로 들어보자. 그런 조롱과 놀림은 한 번의 사건으로 끝나지 않고 일파만파 번져서 날마다 온종일 따라다니게 된다. 요즘의 일반적 아이들은 그런 일이 벌어지는 화면을 하루 중 몇 시간이고 보며 보낸다는 사실을 우리는 이미 알고 있다. 아이들의 뇌와 감정은 그런 사건을 모두 실제인 양 인식하고 받아들인다. 아이들의 마음은 특히 외부의 영향에 취약하다. 아이들의 뇌는 그런 사소한 모욕을 그저 '장난'으로 받아들이지 않는다. 따라서 인터넷의 피상적 상호작용에서 격리해 가능한 많이 가족이나 친구와 진정한 대면 상호작용을 할 기회를 주어야 한다. 이런 조처는 아이들이 강하면서도 유연한 마음을 발달시키는 데 매우 중요하다.

친구들이 휴가를 즐기거나 운동을 하거나 다른 친구들과 모여서 노는 '행복한' 게시물조차 아이에게는 부정적인 영향을 줄 수 있다. 그런 것은 깊이 있는 사회 경험이 아니고 그저 피상적인 인상일 뿐이다. 친구들이 올리는 수백 개의, 심지어 수천 개의 자기애적 사진들을 여과 없이 보면 아이는 남과 자기 삶을 비교해 삶의 회의를 느낄 수 있다. 결국 과부화된 뇌가 그런 사진과 게시물을 이런 식의 생각으로 처리할 수 있다. "남의 삶은 나의 삶보다 훨씬 행복하다. 나는 지독한 낙오자다! 내게 문제가 있지 않을까?"

최근에 방영된 〈13세로 살기: 십 대의 은밀한 세계 Being 13: Inside the Secret World of Teens〉라는 CNN 다큐멘터리가 있었다. 여기서 설문 대상자였던 8학년 학생(우리나라 중학교 2학년─옮긴이) 200명 중 3분의 1이 소셜미디어를 볼 때 상당 부분의 시간을 친구나 급우의 소셜미디어 페이지를 보면서 보낸다고 했다. 아이들은 그러면서 자신의 사회적 서열을 확인하고 있었다. 누가 인사이더고 누가 아웃사이더인지 확인하고, 누구의 인기가 오르고 누구의 인기가 떨어졌는지 알고 싶은 것이다.[17]

청소년의 발달 단계에서 정상적인 활동은 아이들이 세계 속에서 자신의 좌표를 확인하고 자신에게 적합한 곳을 알아내는 것이다. 그런데 온종일 인스타그램과 스냅챗에서 남들의 멋진 삶만 확인하며 보내면 이런 자연적 발달이 저해될 수 있다. 우리 아이들 역시 머지않아 그런 대열에 끼어 남의 시선을 끄는 셀카와 자기 생활을 과시하는 사진들을 올릴 것이다. 이렇게 말하고 싶은 것이다. "자, 여러분, 저를 봐주세요. 제게도 삶이 있답니다." 하지만 안타깝게도 이런 시도는 부질없다. 자아와 감정에 대한 만족은 바깥 세계가 아닌 내면에서 나온다. 책의 뒷부분에서 더 얘기할 것이다.

아이들이 오랜 시간 동안 소셜미디어 생활을 하면서 대면하는 현실은 소외감이다. 예를 들어, 어떤 아이가 자신은 초대받지 않은 방과 후 수영장 파티에 관한 게시글을 우연히 보았다고 해보자. 게다가 그 아이가 불안장애를 겪고 있다면? 아이는 배라도 한 대 맞은 기분에 휩싸여 친구들이 저지른 죄목과는 걸맞지 않은 감정을 분출할 수 있다. 나는 이런 상황을 토로하는 부모들의 전화를 수없이 받아왔다. 아이가 따돌림을 당한다는 것이었다. 나는 따돌림의 상황이 아니라는 점과 납득이 될 만한 설명을 한다. 하지만 어떤 설명도 소용없다. 소외당했다는 사실에 대해서만 감정적으로 반응하기 때문이다. 지난 몇 년간 상담실을 찾아와 소외당했다며 울고불고하는 아이들을 수십 명, 아니 수백 명 만나왔다. 분명히 이는 거절당한 기분을 다루는 건강한 방법이 아니다. 하지만 요즘 아이들의 극단적 반응에는 그럴 만한 이유가 있다.

1980년대 나의 어린 시절 얘기를 하고 싶다. 그때 우리가 가졌던 고민은 기껏해야 편을 나눠 하는 토요일 농구 시합에서 어느 편이든 선수로 뽑히는 것이었다. 우리는 동네 친구들의 삶을 매 순간 시시콜

콜 알고 있지 않았다. 신경 쓰지도 않았다. 학교에 가고 오고 밖에 나가 뛰놀면서 그저 아이다운 생활을 즐겼다. '다른 사람보다 멋진' 여름휴가를 보내려고 애쓰거나 토요일 축구 경기에서 멋진 경기 장면을 보려고 앞줄 티켓을 사는 일 따위도 없었다. 부모들도 자기의 '특별한' 자식이 전 과목 A를 받거나 멋진 인생 경험을 했다고 자랑할 배출구가 딱히 없었다. 삶은 단순했다. 친구가 어떻게 살고 있는지 매일 매 순간 알 수 없었고 별로 상관도 하지 않았다. 친구들의 삶보다 뒤처질까 봐 걱정하며 시간을 보내지 않았다. 반 친구가 야구 결승전에서 홈런을 치면 시샘이 좀 나긴 했다. 그래도 금세 사그라들었다. 그게 정상이다. 아이들은 으레 그랬다. 그런 기분을 원동력으로 삼아 배우고 성장하고 열심히 공부했다. 우리가 어릴 때 겪었던 경험은 요즘의 경험처럼 소셜미디어의 반쪽짜리 삶이 아니었다. 요즘 아이들은 시샘이나 상처받는 감정이 빨리 해결되지 않는다. 소셜미디어에서 게시글을 볼 때마다 되살아나 마음속 응어리로 남을 뿐이다.

요즘 청소년의 삶은 1980년대와 많이 다르다. 아이들은 남의 '완벽한' 삶에 노출되면 혼란에 빠질 수 있다. 가진 것에 감사하기보다 자신의 삶에 불안감을 느낀다. 요즘의 언론, 학교, 부모는 아이에게 자존감과 투지를 길러주기보다 공정과 희생을 강요한다. 그래서 상황은 더욱 복잡해진다. 우리는 트로피 세대(어린 시절부터 다양한 종류의

상을 무수히 받고 자란 세대―옮긴이)를 만들어냈다. 아이들을 소셜미디어라는 피상적 세상에서 격리하는 대신 자존감의 보호막이 될 여러 규칙만 만들어냈다. 하지만 소용없었다.

열세 살이 된 우리 아들에 관한 이야기를 들려주고 싶다. 이 나이 때 아이들은 바르미츠바(13세가 되면 치르는 유대인의 성인식―옮긴이) 파티를 연다. 어떤 급우는 친구라 초대를 받고 어떤 급우는 친구가 아니라 초대받지 못한다. 이 파티의 공통된 관습은 파티 주인공의 모습이 그려진 맞춤 티를 참석한 아이들에게 선물로 주는 것이다. 그리고 파티에 간 아이들은 대대로 이어진 전통에 따라 축하의 뜻을 계속 유지하기 위해 다음 월요일 등교에 티셔츠를 입고 간다. 그런데 우리 아들의 학교에서 그 티셔츠를 입고 등교하는 것을 금지하는 이메일을 보냈다. 성인식 파티에 초대받지 못한 아이가 상처받을 수 있다는 것이었다.

나는 이런 메시지는 비생산적이라고 생각한다. 초대받지 못한 아이가 피해자라는 인식을 오히려 심어주지 않을까? 자존감이 높은 아이는 초대받지 못하면 약간의 굴욕감을 느낄 수 있다. 하지만 이런 감정은 정상이다. 아이의 자존감이 높다면 이런 감정은 금세 극복할 수 있다. 학교가 초대받지 못한 아이의 자존감을 보호하려고 애쓴다는 사실은 충분히 안다. 하지만 나는 그런 조처가 초대받지 못한 아이의 자존감을 오히려 해친다고 생각한다. 아이들은 때때로 역경을 극복하며 배워나간다. '자아'의 감각을 발달시키기 위해서는 거부당하는 경험도 해야 한다.

2년 전에 아들이 속한 청소년 야구단 코치를 맡은 적이 있다. 그때 제임스라는 5학년 아이를 차에 태워 연습장에 데려오곤 했다. 제임스는 스마트폰을 가지고 있었는데, 내가 차에 태울 때마다 뒷좌석에서 폰만 보고 있었다. 어느 날 내가 폰으로 뭘 하냐고 물었다. 그러자 아이는 "제 인스타그램 계정에 사진들을 올리고 있어요"라고 했다. 왜 그런 일을 하느냐고 묻자 "저도 모르겠어요"라고 했다. 하지만 나는 알고 있었다. 제임스는 사진을 잘 찍는 능력을 남들에게 보여주고 싶은 사진작가 지망생이 아니었다. 그저 타인의 인정을 구하고 있었다. 주목받기를 원했다. 자신이 중요한 존재라는 사실을 느끼고 싶었다. 제임스의 어리고 취약한 자존감은 인위적인 '좋아요'에서 위안을 얻고 있었다. 그러다 보면 반드시 불안장애를 겪을 수 있다. 그 이유를 설명하겠다.

'자아self'라는 단어는 자존감self-esteem—자아 존중감—의 중요한 부분이다. 즉 '타인 존중감others-esteem'이 아니다. 그런데 요즘 아이들에게선 자아 존중감이 아닌 타인 존중감 현상이 보인다. 자신에 대해 만족감을 느껴야 하는 감정이 남이 나를 어떻게 인식하느냐에 따라 달라진다. 그래서 자신의 진정한 '자아'를—자기의 실제 모습을—알리고 노력하기보다 누가 '좋아요'를 많이 받나 경쟁을 벌인다. '좋아요' 수가 자신의 정체성과 자존감의 측정기준이라고 여기는 것이다. 〈경험심리학저널Journal of Experiential Psychology〉의 최근 연구에 따르면, 목적의식이 있는 사람은 소셜미디어에서 받는 긍정적 피드백에 특별한 반응을 보이지 않는다고 한다. 연구자들은 목적의식을 자기 주도적이고 미래지향적인 태도와 남에게 이로운 존재가 되고자 하는 꾸준한 동기부여라고 정의했다. 연구에서 두 집단에 대한 실험이 진행되었다. 목적의식이 높은 집단과 목적의식이 낮은 집단에 대해서였다. 참가자들은 소셜미디어에 최근 사진을 게시한 뒤 '좋아요'를 많이 받거나 조금 받았을 경우 어떤 기분이 드는지 점수를 매기도록 요청받았다. 목적의식이 높은 참가자들은 '좋아요'가 많건 적건 기분이 별로 달라지지 않았다. 목적의식이 낮은 참가자들은 '좋아요'를 많이 받으면 자존감이 높아지고 적게 받으면 자존감이 떨어지는 기분을 느꼈다. 결론적으로 이 연구는 목적의식이 높아야 정서가 안정되고 이는 학문과 직업의 성공에 중요하다는 사실을 밝혀냈다.[18]

이야기를 하나 더 하겠다. 지금 7학년인 우리 아들이 학년 초에 슈퍼볼 관람 모임에 초대받았다. 자주 어울리는 친구들과 같이 가는 모임이었다. 관람이 끝나고 집에 왔을 때 아이의 눈에서 평상시 친구들과 놀고 들어왔을 때 보이던 기분 좋은 기색이 안 보였다. 관람을 잘했냐고 묻자 "괜찮았어요"라고만 대답했다. 조금 더 캐묻자 같이 간 남자애들 6명이 슈퍼볼 경기가 진행되는 내내 스마트폰만 보고 있어서 재미없었다고 했다. 아들은 경기가 시작하자 친구들과 응원하고 싶었는데, 경기를 보는 사람은 자기 하나라 그럴 수 없었다고 했다. 혼자서 심심했다고 했다. 이럴 때 나도 부모로서 어찌해야 할지 몰라 좀 심각해진다. 가끔은 아들에게 스마트폰을 사 주어야 하나 고민도 한다. 주변에서 스마트폰이 없는 아이는 우리 아들뿐이다. 나는 아들이 불안증을 겪을까 봐 걱정되기도 한다. 하지만 나는 포기하지 않는다. 남들이 하는 대로 따르며 아들을 양육하고 싶지 않다. 아들은 지금까지 아주 장하게 자라줬다. 자존감도 아주 튼튼하다. 휴대폰이 없다고 불평하거나 사 달라고 조른 적도 없다.

고립 공포증에 빠지는 아이들

포모FOMO라는 용어가 생소할지 모르겠다. 포모는 고립공포증Fear Of Missing Out의 약자다. 이 증상은 요즘의 초등, 중고생들이 겪는 심

1부 | 뇌가 바뀌는 아이들

각한 문제다. 디지털 상호작용 속에서만 지내는 아이들이 뭔가를 놓치면 어쩌나 하는 두려움으로 불안감에 빠지는 것은 이상하지 않다. 가령 그룹 채팅을 놓치면 어쩌나 하는 두려움에 빠지고, 이런 두려움은 계속된다. 친구들에게 소외되거나 뒤처질까 봐 걱정이 사라지지 않는다. 청소년은 꾸준한 소통과 관심을 갈구한다. 문제는 그것이 대면 소통이 아니라는 점이다.

대면 접촉이야말로 자신감, 정서 조절, 공감 능력을 키우는 유일한 형태의 인간 상호작용이다. 이에 대해서는 7장에서 더 논의할 것이다. 더구나 채팅과 소셜미디어 게시물은 종종 말다툼으로 번지기도 하고, 노골적인 모욕으로 이어지기도 한다. 그로 인해 아이들의 자존감이 자주 침해받는다. 상처 주는 글을 게시하는 아이는 직접 얼굴을 보고는 그런 말을 못 할 것이다. 그런데 그 글을 보는 아이는 심각하게 받아들인다.

소셜미디어 세계에 빠져 지내는 아이들은 종종 아침까지 밤을 새운다. 어디엔가 소속되고 싶은 갈망에서 벗어나지 못한다. 이로 인해 수면 부족, 학업 문제, 불안, 우울증을 겪기도 한다. 이 사이클은 깨기가 매우 어렵다. 아이가 소셜미디어 생활에 너무 얽매여 있는가? 아래를 참고하기 바란다.

경고 신호
....

아래는 어떤 형태든—텔레비전, 게임기, 휴대기기, 컴퓨터, 태블릿—전자 미디어로 아이가 너무 많은 시간을 보내고 있다는 경고 신호다.

- 전자기기를 사용할 때 시간 가는 줄 모른다.
- 방해를 받으면 짜증을 낸다.
- 친구나 가족과의 대면보다 전자기기를 사용하며 보내는 시간을 더 좋아한다.
- 시간 제한을 지키지 않는다.
- 온라인에서 인간관계를 맺는다.
- 다른 활동에 흥미가 없다.
- 기기를 사용하지 못하면 불안해져서 다시 기기로 돌아갈 생각만 한다.
- 기기를 사용하느라 시간을 빼앗겨 숙제나 일과를 수행하지 못한다.
- 아무도 없으면 몰래 기기를 사용한 다음 안 그랬다고 거짓말한다.

아이가 이런 증상을 보이면 부모가 개입할 필요가 있다. 가장 좋은 방법은 아이를 앞에 앉혀놓고 걱정되는 상황이라고 알리는 것이다. 그런 다음 아이가 따라야 할 엄격한 지침을 정하고, 어길 시 응당한 대가가 뒤따른다는 사실을 분명히 해야 한다. 지침에는 아이의 방에 전자기기 두지 않기, 주중에는 게임 금지, 간식 시간이나 식사 시간에 스마트폰 사용 금지, 의무 언플러깅 시간 정하기가 들어가면 된다. 아이가 지침 중 하나라도 지키지 않을 경우, 미리 정한 처벌을 받게 해 책임을 확실히 물어야 한다. 처벌로는 아이의 방에서 텔레비전 제거, 주중에 휴대폰 압수, 당분간 게임 금지 같은 것으로 정하면 된다. 일관되게 시행하는 것이 핵심이다. 다음 3부에서는 아이의 전자미디어 소비를 줄이는 데—어른에게도 필요한—도움이 될 방법을 상세히 설명할 것이다.

\# 대가를 치르는 아이들

언젠가 스티븐이라는 17세 고등학생을 상담했다. 스티븐의 부모는 부부 간에 서로 눈을 마주치지 않았다. 양육 스타일도 서로 달랐다. 이런 점이 아들에게 많은 문제를 일으켰다. 그 가족이 내게 의뢰된 이유는, 스티븐이 소셜미디어에 부적절한 말들을 게시하면서 친구들과 끊임없이 말썽을 빚기 때문이었다. 스티븐은 자존감이 낮아서 친구를 사귀는 데 어려움이 있었다. 소셜미디어는 스티븐의 해방구였다. 원하는 무엇이든 올릴 수 있었다. 남의 관심을 끄는 메시지나 사진을 올려서 자신을 표현할 수 있는 완벽한 플랫폼이었다. 그런 스티븐에게 친구들은 부정적인 반응을 쏟아냈다. 하지만 어쨌든 관심은 관심이었다. 그것이 긍정적인지 부정적인지는 많은 십 대들에게 중요하지 않다. 어쨌든 주목을 받고 나면 자신이 존재감 없는 사람이 아닌 중요한 사람처럼 느껴진다.

스티븐의 부모는 내 강연을 들었고, 그제야 아들이 너무 오래 컴퓨터와 스마트폰에 붙어 있다 보니 그에 악영향을 받았음을 깨달았다. 부모님이 스티븐에게 온라인 공간에서 무엇을 하느냐고 물으면 스티븐은 항상 거짓말을 했다. 폰 사용이 금지된 시간에도 몰래 켜서 사용했다. 스티븐은 상담실에 들어올 때면 언제나 커다란 비츠Beats(음향기기 브랜드—옮긴이) 헤드폰을 쓰고 있었다. 나는 그 모습을 유심히 관찰했다. 대기실에서 부모님과 앉아 있을 때도 완전히 단절된 모습이었다. 소셜미디어에 중독돼 보여주는 모든 위장된 행동이 부모와 맺는 관계에 지대한 영향을 끼치고 있었다.

스티븐의 부모는 아들의 폰에서 어린 소녀에게 쓴 부적절한 글을 발견했다고 털어났다. 나는 스티븐에게서 폰을 빼앗으라고 조언했다. 그러면 스티븐은 이제까지 해왔던 대로 당연히 화를 내고 위협하면서 부모를 조정하려 들 것이다. 나는 부모에게 처음에는 상황이 험악할 것이라고 말했다. 상담하고 돌아간 다음 날, 스티븐의 아버지에게서 전화가 왔다. 폰을 빼앗자 아들이 길길이 날뛰었다는 것이다. 상상할 수 없는 말이 아들의 입에서 튀어나왔고, 폰을 안 돌려주면 학교에 안 가겠다고 하더니, 급기야 자해하겠다는 협박까지 했다고 한다. 며칠 지나지 않아 부모는 더 이상 버티지 못하고 폰을 돌려주고 말았다.

다음 상담 때는 스티븐을 상대로 상담했다. 나는 스티븐에게 어떤 글이든 전송할 때에는 조심해야 한다고 조언했다. 당시 스티븐은 며칠 전 18세가 되었고 이제 법적으로 성인이므로 더 많은 문제를 겪을 수도 있었다. 그런 점을 경고했다. 특히 예전처럼 미성년자에게 부적절한 내용을 보내면 안 된다고 당부했다. 스티븐은 그런 적 없다고 부인했다. 5일 후 스티븐의 부모에게서 전화가 왔다. 경찰이 수색영장을 들고 스티븐의 노트북을 압수하러 집에 들이닥쳤다는 것이다. 한 소녀가 노골적인 성적 언어와 여러 모욕적인 말을 들었다며 경찰에 신고한 것이다. 스티븐은 체포되었고 감옥에 갔다. 스티븐을 온라인 중독으로 내몬 것은 그의 빈약한 자존감이었다. 스티븐은 온라인 공간에서만 존재감을 느꼈다. 온라인에 접속해야 사람들이 스티븐을 알아보았다. 하지만 그것은 스티븐에게 독이 되었다. 이 이야기는 잘못된 소셜미디어 사용의 극단적 예다. 하지만 매우 현실적인 일이기도 하다. 한 번의 나쁜 결정이 나머지 인생 전체를 결정할 수 있다.

스티븐의 사례가 정말 끔찍하지만, 그보다 더한 상황도 있다. 최근 CDC는 청소년 자살률의 급격한 증가에 대한 자료를 발표했다. 1999 년만 해도 10~14세 청소년 교통사고 사망률은 청소년 자살률의 4배 였다. 그런데 이후 지난 15년간 동일 연령층의 자살률이 교통사고 사 망률을 따라잡았다. 교통사고 사망률은 1999년 이래 절반으로 줄었 지만, 자살률은 2007년 이후 2배가량 증가하면서 두 수치가 교차해 엇갈렸다. CDC는 미국 전역에서 급변하는 문화 환경으로 청소년이 건강상 다양한 문제를 겪는다는 증거도 내놓았다. 한 학생이 스쿨버 스에서 창피한 일을 겪는다면 이제 같이 있던 사람들만 보는 것으로 끝나지 않는다. 소셜미디어의 보급으로 그 모습이 학교 전체에 퍼진 다. 새롭고 다양한 소셜미디어 네트워크에 접근할 수 있게 된 아이들 은 방과 후에도 계속 스트레스를 받는다.

CDC의 자료에 의하면, 남학생 자살률은 3분의 1 증가했고 여학생 은 3배나 증가한 것으로 나타났다. (그래도 남학생 자살률이 여학생 자 살률보다 높다.)[19] 《이상한 애는 왕따: 여자아이들의 숨은 공격 문화 Odd Girl Out: The Hidden Culture of Aggression in Girls 》의 저자 레이철 시몬 스Rachel Simmons는 "소셜미디어는 여학생들 세상이다Social media is girl town"라고 했다.[20] 통계적으로 보아, 인스타그램이나 페이스북 같은 시각적 플랫폼을 지배한 이들은 여학생들이다. 책에서 시몬스는 여자

아이들이 어떤 내용을 올려 친구 집단의 인정을 받으면, 한때는 개인적이었던 것이 다른 이들의 인기를 끈다고 말했다. 인기가 소셜미디어를 통해 오르내릴수록 마음이 약한 여자아이들은 불안감을 느낀다.

자, 이제는 우리 어른들이 나서서 이 문제를 해결해야 한다. 통제권이 부모에게 있다는 사실을 명심해야 한다. 당신의 자녀만 스마트폰이 없고 소셜미디어에 수시로 접근하지 못한다면 이는 잘한 조처다. 아이는 아주 좋은 성장 상태에 있다. 좋은 정도가 아니라 훌륭한 상태다. 아이는 굳건한 자아의식을 발달시킬 것이다. 하지만 자녀가 스마트폰과 소셜미디어에 이미 중독되었다 해도, 부모가 개입하기에 아직 늦지 않았다. 쉽지는 않겠지만 할 수 있다. 마지막 몇 장에서 그 해법들을 보여주고자 한다.

4장

멀티태스킹으로
능력이 저하되다

부모들을 모아놓고 강연할 때마다 듣게 되는 질문이 있다. "우리 아이는 왜 숙제하는 데 매일 4~5시간이나 걸릴까요?" 내 대답은 뭘까? 나는 부모들에게 이렇게 설명한다. 아이는 그 시간에 숙제하는 게 아니다. 사실 숙제는 한두 시간이면 충분히 끝난다. 아이가 숙제한다고 그렇게 오래 앉아 있는 이유는 숙제하면서 멀티태스킹을 하기 때문이다. 그렇다. 아이들은 숙제를 하면서 동시에 SNS에 포스팅하고, 친구에게 문자를 보내고, 음악을 듣고, 유튜브를 본다. 그런데 어찌 된 일인지 우리는 이런 사실을 알고도 못 본 척하고 넘어간다. 많은 연구들이 멀티태스킹이 학업뿐 아니라 아이의 두뇌에 영향을 미친다는 사실을 지적하고 있다.

작고한 스탠퍼드대학 클리포드 내스Clifford Nass 교수는 멀티태스킹에 관해 여러 차례 중요한 연구를 시행했다. 내스는 멀티태스킹을 서로 관련 없는 여러 미디어 콘텐츠를 사용하는 일로 정의했다. 어떤 십 대 아이가 음악을 들으면서 페이스북, 메신저, 이메일을 왔다 갔다 한다면, 서로 관련 없는 다양한 미디어 콘텐츠를 쓰고 있는 것이므로 멀티태스킹이라고 할 수 있다. 동시에 여러 작업을 자꾸 바꾸어가며 하는 일이 만성화되면 이는 실행 기능을 담당하는 전두엽(대뇌 전방에 위치한 부분으로 추리, 계획, 운동, 감정, 문제해결에 관여한다—옮긴이)에 영향을 미친다. 전두엽은 인간의 작업기억working memory(다른 감각 기관에서 들어오는 정보를 일시적으로 보유하는 기억—옮긴이)을 조절해서 뇌가 한 가지 작업에서 다른 작업으로 순조롭게 넘어가서 관련 정보에 집중할 수 있게 해주는 뇌의 영역이다.[21]

내스 교수는 학생들을 대상으로 한 실험을 통해 멀티태스킹을 할 때 전두엽이 어떻게 영향을 받아 어떤 식으로 기능하는지를 보여주었다. 실험 중 하나는 간단했다. 학생들은 빨간색 사각형 두 개와 파란색 사각형 여러 개로 구성된 슬라이드들을 집중해서 관찰할 것을 요청받았다. 그러면서 두 가지 색의 슬라이드들이 무작위로 넘어가고 있는 상황에서 빨간 사각형이 몇 번 넘어갔는지 알아내야 했다. 학생들은 두 집단으로 나뉘었다. 멀티태스킹에 능숙한 집단과 멀티태스킹에 서투른 집단이었다. 능숙한 멀티태스커들은 멀티태스킹이 학업 수행에 도움이 된다고 믿고 있었다. 하지만 실험을 통해 그 말이 사실이 아님이 입증되었다. 능숙한 멀티태스커들은 슬라이드들 사이사이에 파란 사각형들이 추가될수록 이 단순한 실험을 매우 힘들어했다. 그들의 뇌는 계속 파란색 사각형의 방해를 받아서 사각형이 추가될수록 과제 수행 능력이 떨어졌다. 서투른 멀티태스커들은 파란 사각형들이 몇 장이 들어가도 전혀 영향을 받지 않았다. 그들은 지시받는 대로 빨간 사각형이 몇 번 넘어갔는지 집중해서 그 횟수를 보고 잘 맞혔다.

내스 교수는 fMRI^기능적자기공명영상 장치를 사용한 다른 실험을 통해 자신의 이론을 좀 더 증명해냈다. 이 실험에서는, 두 집단 모두 fMRI 장치에 연결된 채 간단한 과제 전환 실행을 지시받았다. 결과는 매우 놀라웠다. 실험에 참여하는 동안 능숙한 멀티태스커들은 서투른 멀티태스커들보다 20배나 많이 뇌를 사용했다. 그런데도 예상치 못한 결과가 나왔다. 능숙한 멀티태스커들은 뇌의 엉뚱한 부분인 시각 피질(시신경으로부터 흥분을 받아들이는 대뇌 피질의 부분─옮긴이)을 사용하고 있었다. 서투른 멀티태스커들은 과제를 완수하는 데 소량의 뇌 능력만 필요로 했고, 정확한 뇌 영역인 전전두엽 피질(전두엽의 앞쪽 부위로 기억력과 사고력 등 고등행동을 관장한다─옮긴이)을 사용하고 있었다. 말하자면 능숙한 멀티태스커들은 실은 서투른 멀티태스커들보다 멀티태스킹 능력이 낮은 것이다.

능숙한 멀티태스커들은 뇌가 그렇게 엉뚱한 곳에서 작동하고 있으니 숙제에 집중하여 효율적이고 효과적으로 완수하는 일이 얼마나 어려울지 한번 상상해보라. 숙제를 끝내기가 매우 힘들 것이다. 아이들이 '숙제를 너무 많이 하는' 것은 선생님이 숙제를 너무 많이 내는 탓이 아니라고 나는 말할 수 있다. 여기 예시가 하나 더 있다. 내스 교수는 대니얼 J. 시몬스Daniel J. Simons가 착안한 고전적 실험인 원숭이식 착각The Monkey Business Illusion을 활용한 실험도 했다. 아래 내용을 읽기 전에 인터넷에서 다음 주소로 가서 실험에 나오는 지시대로 한번 해보기를 바란다. http://bit.ly/M9rlws

결과가 어떻게 나왔는가? 실험 속에서 흰 티셔츠 여학생들이 농구공을 패스한 횟수를 정확히 세었는가? 실패했다면, 아마 능숙한 멀티태스커일 것이다. 성공했다면, 서투른 멀티태스커일 가능성이 높다. 인터넷에서 영상을 보지 못한 분들을 위해 실험 방법을 설명해보겠다.

여학생 6명이 나란히 서 있다. 3명은 흰 티셔츠를 입었고, 3명은 검정 티셔츠를 입었다. 흰 티셔츠 여학생 1명, 검정 티셔츠 여학생 1명이 각 각 농구공을 들고 있다. 실험의 지시사항은 흰 티셔츠를 입은 여학생들 이 공을 패스한 횟수를 세는 것이다. 이 과제가 어려운 것은 검정 티셔츠 를 입은 여학생들 역시 공을 주고받으면서 주의를 분산시키기 때문이다. 흰 티셔츠와 검정 티셔츠의 6명 모두 서로 엇갈리게 왔다 갔다 하면서 자 기 팀원에게 농구공을 던져서 더욱 헷갈린다. 안타깝게도 능숙한 멀티테 스커들은 흰 티셔츠 여학생들 사이에 공이 몇 번 패스됐는지 정확한 횟 수를 세는 데 실패한다. 영상을 잘 보면, 그들의 뇌는 검정 티셔츠 여학 생들이 왔다 갔다 하며 공을 패스하는 모습이나 그와 다른 산만한 요소 들 때문에 방해를 받을 수밖에 없다. 하지만 서투른 멀티태스커들은 흰 티셔츠 여학생들 사이에 공이 몇 번 패스됐는지를 아무 문제없이 정확히 셀 수 있다.

내스 교수의 실험은 능숙한 멀티태스커와 서투른 멀티태스커의 뇌 사이에 한 가지 차이점이 더 존재한다는 사실을 보여준다. 영상을 보 면, 흰 티셔츠 집단과 검정 티셔츠 집단 사이에 농구공이 왔다 갔다 하는 사이 다른 3가지 일이 벌어진다. 먼저 검정색 고릴라 옷을 입은 사람이 공을 패스하는 여학생들 사이를 뚫고 지나간다. 그다음에 검정 티셔츠 집단의 여학생 1명이 무대를 떠난다. 마지막으로 배경의 커튼 색이 바뀐다. 비디오를 다시 보고 직접 확인해보기 바란다. 능숙한 멀티태스커들은 고릴라가 지나갈 때나 다른 두 가지 일이 일어날 때는 잘 알아차린다. 하지만 하얀 티셔츠 선수들 사이에 공이 몇 번 패스됐는지는 잘 세지 못했다. 서투른 멀티태스커들은 공이 패스된 횟수는 잘 세었지만, 고릴라가 지나가는 것이나 검정 티셔츠 여학생이 무대를 떠나는 것, 커튼 색깔이 바뀌는 것은 잘 알아채지 못했다. 결론적으로 말하면, 능숙한 멀티태스커들은 기억을 잘 관리하지 못했다. 뇌를 필요한 정보를 정연하게 정돈해놓은 파일 캐비닛에 비유한다면, 능숙한 멀티태스커의 뇌 캐비닛 속은 뒤죽박죽인 상태다. 그래서 뇌의 실행 기능 영역이 제대로 발휘되지 못한다.

운전하는 사람들의 뇌를 대상으로 한 연구도 있었다. 운전하는 사람들의 MRI를 보고 뇌가 얼마나 집중력이 있는지 확인하는 실험이었다. 사람들이 운전하고 있을 때 어떤 정보가 뇌에 들어오면 음악을 듣는 것과 비슷하게 운전에 소요되는 뇌의 대역폭이 37% 감소한다.[22] 그러면 그 순간 갑자기 운전자는 멀티태스킹을 할 수 없기 때문에 운전에 대한 집중력이 떨어진다. 페이스북을 보면서 영화를 보려고 시도해본 적이 있는가? 거의 영화에 집중할 수 없었을 것이다.

최근에 우리 학교의 한 상담교사가 아이 문제로 걱정이 태산인 한 엄마를 상담하는 자리에 나를 부른 적이 있었다. 그 엄마는 14세 딸의 학업이 부진해져서 걱정하고 있었다. 학생의 선생님들 역시 회의에 들어왔다. 엄마는 딸이 똑똑한 아이인데, 자주 격한 감정에 사로잡혀 정지되는 상태에 빠진다고 했다. 간단한 15분짜리 숙제를 끝내는 데도 2시간이나 걸리는데, 딸은 과장이 아니라는 것이다.

먼저 수학 선생님이 여학생의 상태를 말했다. 아이가 수업 시간에 노트북 컴퓨터를 사용하느라 산만해져서 계속 노트북을 닫으라는 지시를 한다고 했다. (우리 학교는 소규모라 모든 학생에게 개인용 노트북을 제공한다.) 다음 선생님은 자기 수업에서는 아이가 잘한다고 했다. 나머지 3명의 선생님은 아이가 산만해지는 원인이 노트북에 있다고 주장했다. 교사들의 의견을 듣고 나도 회의에 참여했다. 학생이 숙제를 하는 중에 스마트폰이나 노트북에 정신을 빼앗기는지 물었다. 엄마는 그렇다고 했다.

이 짧은 회의에서 나는 많은 것을 알게 되었다. 이 14세 여학생은 뇌를 온통 엉뚱한 곳에 쓰고 있었다. 학생은 숙제를 20개 이상 내지 않은 상태였다. 숙제를 깡그리 잊었기 때문이다. 몇 분이면 끝낼 숙제를 하세월 동안 끌어안고 있었다. 아이의 전전두 피질─뇌 파일 캐

비넷—은 뒤죽박죽 상태였다. 아이의 뇌는 끊임없이 여러 과제를 교체하면서 관심을 여러 자극에 분산시켰다. 그래서 숙제라는 하나의 특정 과제에 집중할 수 없었다. 뇌에 들어온 자료를 처리하여 장기기억 은행에 저장해야 하는데 그러지 못했다. 그 대신에 숙제를 포함한 여러 정보를 뇌의 엉뚱한 부분에 보내고 있었다. 그것들을 적절히 장기적으로 저장하지 못해 나중에 꺼낼 수 없었다.

경험이 풍부한 고등학교 교사나 대학교 작문 교수와 한번 대화해 보라. 요즘의 학생들은 기승전결을 갖춘 논리정연한 에세이를 쓰는 데 아주 힘들어 한다고 말할 것이다. 논리도 안 맞고 맥락이 끊기는 어수선한 에세이가 대부분이다. 3쪽짜리 에세이를 쓰면서 소셜미디어도 확인한다. 두 가지 일을 계속 왔다 갔다 하며 쓰는 모습을 떠올려보면 상황이 이해갈 것이다. 뇌가 계속 과제를 바꾸면 글의 흐름이 끊겨서 훌륭한 글의 기본 구조인 도입, 본론, 결론을 갖추지 못한다.

멀티태스킹은 일종의 '파편적' 사고를 낳는다. 트윗, 포스팅, 메시지, 좋아요가 모두 짧고 빠른 표출로 이루어진다. 시간이 지날수록 뇌는 짧은 의사소통 표출에 익숙해진다. 그러다 보면 뇌는 파편적으로 사고하게 된다. 게리 스몰Gary Small 박사의 말에 따르면 "뇌 작동의 기본 원리는 뇌가 모든 종류의 자극에 매우 민감하다는 것이다.

그래서 뇌 안에서는 모든 형태의 자극에 반응하여 매우 복잡한 일련의 신경화학적이고 전기적인 결과들이 뒤얽혀서 발생한다. 특정 자극을 반복하면 그와 관련된 신경회로들은 흥분하지만, 동시에 다른 자극들이 무시되면서 그와 관련된 신경회로들은 약화한다."[23] 스탠퍼드대학교 충동 제어 장애 클리닉 Impulse Control Disorders Clinic 의 이사 엘리아스 아부주드 박사 Dr. Elias Aboujaoude 도 같은 주장을 했다. 그의 말에 따르면 "우리는 짧은 문구와 트윗에 익숙해질수록 복잡하고 의미 있는 정보에 대한 인내심을 잃고, 깊고 미묘한 의미를 지닌 내용을 분석하는 능력을 잃게 될 것이다. 모든 기술이 그렇듯, 뇌의 기능 역시 쓰지 않으면 잃게 된다."[24]

런던대학에서도 멀티태스킹이 얼마나 해로운지를 잘 보여주는 연구를 시행했다. 연구 결과에 따르면, 멀티태스킹을 하면서 인지 과제를 수행한 연구대상자들은 마리화나를 피우거나 밤을 새웠을 때와 비슷한 수준의 IQ 하락을 경험했다고 한다. 멀티태스킹을 한 어른들은 IQ가 15점 하락하여 평균 8세 아이의 수준으로 떨어졌다. 베스트셀러 《감정 지수 2.2 Emotional Intelligence 2.0》의 저자 트레비스 브래드베리 박사 Dr. Travis Bradberry 는 이 연구와 관련하여 다음과 같은 말을 했다. "회의하는 도중 회의에 집중하지 않고 상사에게 이메일을 쓴다면, 자신의 인지능력이 8세 정도로 떨어진 상태에서 글을 쓰고 있다는 사실을 명심하십시오."[25]

제프 구오Jeff Guo도 비슷한 연구를 통해 학생들이 노트북을 이용해 필기하면 안 된다는 주장을 했다. 웨스트포인트 육군사관학교의 경제학 교수들은 강의실에서 컴퓨터를 사용하는 것이 학습에 미치는 영향을 보여주는 대규모 실험을 수행했다. 사관학교 교수들은 그해 1년간 인기 있는 경제 과목에서 일부 학생의 컴퓨터 사용을 금지해보았다. 학생의 3분의 1은 강의 중 노트북이나 태블릿으로 필기할 수 있었고, 3분의 1은 노트북이나 태블릿을 수업 자료를 보는 데만 사용할 수 있었다. 나머지 3분의 1은 어떠한 기기 사용도 금지되었다. 흥미롭게도 가장 똑똑한 학생들이 가장 나쁜 성적을 내는 결과가 나왔다.

ACT미국 대학 입학 학력고사 점수가 높았던 학생 중 노트북이나 태블릿을 사용한 학생은 기기를 사용하지 않은 친구들보다 경제 과목에서 현저히 낮은 성적을 냈다. 이 연구의 재미있는 면은 사람들이 노트북을 쓰는 똑똑한 학생일수록 기계를 요령껏 잘 활용할 것으로 기대했다는 것이다. 그러나 결과는 그렇지 않았다. 그 학생들은 자신의 멀티태스킹 능력을 과대평가한 탓에 기술의 최대 희생자가 되었다. 구오는 말했다. "그 최고 실력의 학생들에게 컴퓨터가 없었다면 스스로 수업 시간에 집중해 큰 성취를 이루었을 것이다."[26]

웨스트포인트의 연구 결과를 해석하는 데 유용한 기준이 또 하나 있다. 실험에 참가한 학생들이 전년도에 받은 SAT 수학 평균점수를 활용하는 것이다. 웨스트포인트 학생들의 평균 점수는 800점 만점에 511점이었다. 구오에 따르면, 노트북 허용 그룹의 SAT 수학 점수는 511점이었고, 노트북 금지 그룹의 점수는 491점이었다. (이 점수대는 고등학생이 SAT 과외 선생님을 구할 때 기대하는 수준이다.) SAT 수학 점수가 더 높았던 노트북 사용 학생들이 경제 과목에서 다른 학생들보다 더 낮은 성적을 받았다는 사실은, 노트북을 사용해 필기한 멀티태스킹이 그 우수 학생들에게 전혀 도움이 안 되었다는 증거이다. 구오는 경고했다. "필기를 위해서라고 해도 회의 시간에 노트북을 작동한 사람들을 조심하세요. 그들은 당신의 말을 경청하지 않습니다." 멀티태스킹은 아이들뿐 아니라 어른들에게도 해롭다.

〈심리 과학Psychological Science〉 지에 발표된 한 연구 결과도 이를 뒷받침해준다. 이 연구는 손 필기와 컴퓨터 필기가 학습에 미치는 영향을 실험했다. 연구원들은 실험을 위해 대학생들에게 일련의 TED 강연을 보여주며 노트북이나 손을 이용해 필기할 것을 요청했다. 노트북을 이용한 학생들은 손을 이용한 학생들과 비교했을 때, 개념 활용 질문들에 대해 매우 낮은 수준의 답을 했다. 여기서 입증된 결과는 손으로 필기하는 것이 노트북으로 필기하는 것보다 정보입력능력

encoding뿐 아니라 기억저장능력 external storage도 높여준다는 사실을 보여준다. [27] 즉 우리 뇌는 손으로 필기할 때 학습도 잘하고 정보도 잘 흡수한다.

마지막으로 소개할 연구가 있다. 미디어의 사용, 기술, 중독과 관련해 발표한 연구들을 망라한 커먼센스 미디어의 2014년 백서에 소개된 연구이다. 이 연구는 지나친 미디어 사용은 유해한 결과를 가져오므로 우려해야 한다고 주장했다. 연구에 따르면, 아이들이 숙제를 하거나 사회생활을 하면서 공통적으로 하는 멀티태스킹이 아이들의 학습, 숙제, 기억력에 영향을 미친다는 사실이 밝혀졌다고 한다. 더욱이 지나친 미디어 사용은 공감 능력의 저하를 가져오고 대면 대화를 줄일 수 있다. 미디어가 아이들의 발달에 미치는 영향을 연구하는 중견 학자 엘런 워텔러 Ellen Wartella도 멀티태스킹이 주의력, 사회성 기술, 대인 관계 능력에 영향을 미친다는 사실을 밝혔고, 미디어가 우리 아이들에게 미치는 영향을 지속적으로 연구해야 한다고 주장했다. [28]

2부

디지털 세상의
사회성, 감성, 가족관계

5장

게임으로 단절된
인간관계

알렉스는 6주 동안이나 학교에 결석한 16세 고등학생이었다. 학교의 심리상담교사, 교감 선생님, 나는 알렉스의 아버지를 만났다. 그러자 무엇이 문제인지 명백해졌다. 비디오게임 때문이었다. 알렉스는 비디오게임에 중독돼 많은 시간을 게임을 하며 보냈다. 그의 아버지에 따르면 일주일에 7일 동안 하루 최소 12시간씩 했다고 한다. 그러다 비만해지고, 우울증에 빠지고, 마침내 불안증까지 겪게 되자 학교생활을 기피하게 되었다. 한때 그저 시간을 재미있게 보내려고 시작했는데 마약이 되어버린 것이다. 비디오게임은 알렉스가 세상에서 도망갈 도피처가 되었다. 알렉스를 둘러싼 모든 것—학교, 건강, 가족, 친구—이 서서히 허물어졌다. 흥미롭게도 알렉스의 아버지는 우리를 만나기 전까지는 무엇이 문제인지 상황을 파악하지 못했다. 아들의 비디오게임 중독이 아들이 겪는 모든 문제의 출발점이라는 사실을 모르고 있었다.

부모가 어떻게 하루 12시간 동안이나 비디오게임을 하도록 아이를 내버려 둘 수 있는지 의아할 것이다. 하지만 자기 아이가 게임을 몇 시간이나 하는지 전혀 가늠하지 못하는 부모가 얼마나 많은지 알면 오히려 놀랄 것이다. 알렉스의 아버지는 아들이 항상 집에만 있어서 심심한데 집에서 딱히 할 게 없어서 게임을 한다고 짐작했다. 그것이 오히려 거꾸로 된 상황이라는 사실을 모르고 있었다. 아이가 자유 시간 내내 집 안에 있다 보니 게임 중독에 빠진 게 아니라, 게임 중독에 빠져서 집에 돌아오면 바깥세상과 단절한 채 자기 방에 틀어박힌 것이다.

최근에 내 강연에 참석한 한 분이 17세 남학생의 상담을 내게 의뢰했다. 나는 그 부모의 전화를 받았다. 부모는 게임에 중독된 아들을 어떻게 해야 할지 상담하고 싶다며 상담 시간을 잡고자 했다. 그분들과 가졌던 상담은 정말 힘들었다. 아이는 2년 이상 학교에 가지 않고 홈스쿨링을 하고 있었다. 거의 먹지 않아서 너무 마르다 보니 게임기에서 몸을 일으키지 못하는 지경이었다.

그 남학생의 게임 중독은 이미 중학교 시절에 통제불능 상태가 되었다. 그러다 고등학교에 진학할 무렵이 되자 학교에 가기를 거부했다. 자신이 애착하는 게임을 빼앗기면 미쳐 날뛰었다. 벽이 파이도록 치는가 하면 입에서 심한 말을 내뱉으며 폭력적으로 나왔다. 부모는 아들이 무서워 여러 차례 경찰에 신고까지 했다. 가장 애처로운 부분은 아들의 게임 중독으로 부부의 결혼 생활이 파탄 지경이 된 것이다. 둘은 별거에 들어갔고 이혼까지 생각했다. 우리는 가정 방문을 했다. 그 남학생의 광장 공포증이 엄청난 수준으로 진행되어 있었다. 여러 달 동안 집 밖에 나가지 않았다고 했다. 부모조차 아이를 내 상담실로 데려올 수 없었고, 나는 아이를 도울 기회를 가질 수 없었다.

부모가 게임에 중독된 아이를 도와달라고 전화할 때는 문제를 당장 없애줄 마법을 기대한다는 사실을 알고 있다. 하지만 내 경험에 비추어 보건대, 게임 중독자 아이의 부모들은 아이가 어떤 짓을 할지 몰라 두려워서 중단시키지 못한다. 마약 중독자가 마약을 빼앗겼을 때처럼 나올 수 있기 때문이다. 한 부모는 아들이 모든 과목에서 낙제하자 엑스박스 게임기 플러그를 뽑겠다고 결심했다. 그러자 그동안 엄마와 선생님들 앞에서 차분하고 착하고 예의 바른 모습을 보였던 아들이 완전히 이성을 잃었다. 엄마에게 욕설을 퍼붓고, 거실의 커피 테이블을 부수고, 자기 방의 벽이 파이도록 쳤다. 또 한 엄마는 게임을 중단시키자 아들이 주방 서랍에서 칼을 꺼내 오더니 찌르겠다고 협박했다고 한다. 다른 부모들 역시 아이에게서 게임기를 빼앗으면 자살하겠다는 협박을 들었다고 한다. 이런 사태는 부모에게도 심각한 잘못이 있다. 이 책을 읽는 분도 아들이나 딸에게서 비슷한 일을 겪어보았을 터라 내가 무슨 말을 하는지 잘 알 것이다.

게임 중독이 만연하여 골치를 앓았던 대만 정부는 자녀가 지나치게 오래 게임을 하면 부모에게 책임을 묻는 법을 제정한 바 있다.[29] 아시아 국가 중에는 재활센터를 만들어 게임에 중독된 아이를 입소시키는 곳도 있다. 단 몇 분도 게임에서 벗어나지 못해 씻지도 먹지도 못하고 거의 굶어 죽을 뻔한 아이들의 이야기도 많다. 게임에 중독된 아시아의 한 십 대는 중단하려고 자기 손목을 자르기도 했다. 다행히 의사가 잘린 손목을 봉합했다.[30]

게임 중독은 은둔과 사회공포증을 유발한다. 많은 게임 중독자가 헤드셋을 통해 '친구들'을 사귀지만 현실 생활에서는 사회적 교류를 전혀 하지 못한다. 게임기를 빼앗으면 아이가 소통할 친구가 없어 외로워져 우울증에 빠질까 봐 이러지도 저러지도 못한다. 내가 상담한 십 대 초반과 후반의 아이들은 자신이 게임 중독에 빠졌다는 사실과 그로 인해 자기 삶이 어떤 지경에 처했는지 잘 알고 있었다. 그러면서도 여전히 끊을 수 없었다. 따라서 우리 부모들이 개입해서 힘들더라도 지금의 문제 상황을 통제해야 한다. www. videogameaddiction.org에 실린 게임에 중독된 십 대의 실제 얘기들을 그대로 소개하겠다.

••⟩

저는 열네 살인데 엄청난 중독자예요. (······) 부모님은 겉으로 걱정하는 척하지만 절대 게임을 끊도록 돕지 않아요. 저는 지금 풀 t6과 풀 t5인 2lvl 70을 갖고 있어요. 근데 내겐 삶이 없어요. 제 게임을 삭제하면 무슨 일이 벌어질지 상상도 하기 싫어요. 정말 끊고 싶지만 끊을 수가 없어요. 이 [비속어] 게임이 저를 삼켜버려서 끊기가 힘들어요. 게임들을 거의 삭제하긴 했는데 그래봤자 다른 게임을 시작하게 되겠죠.

••⟩

저는 열두 살인데 게임을 끊을 수가 없어요. 세상에, 저는 하루에 8~10시간을 게임해요. 친구들이 모두 거기 있거든요. 게임을 안 할 때는 너무 심심해요. 친구들 모임에도 잘 못 끼겠어요. 어떻게 해야 하죠?

••⟩

저는 WOW(월드 오브 워크래프트) 중독이 장난 아니에요. 사촌이랑 친구들 때문에 게임을 시작했어요. (근데 이 사람들은 모두 과체중이고 비만이죠.) 처음에는 WOW를 하루에 한두 번 하는 정도였어요. 그런데 어느 날 갑자기 제 사촌이 WOW에 중독되었다며 게임을 그만두면서 저에게 자기 거 70레벨의 로그를 넘겨주는 거예요. 그때부터 하루에 6~10시간이나 했어요. 친구도 안 만나고 운동도 한 주에 네 번 했는데 두 번으로 줄었죠. 게임을 그만두라는 사람한테는 욕을 해주곤 했죠. 어느 날 문득 WOW를 하면서 남에게 큰돈을 벌어주고 있다는 생각이 들었어요. 왜 게임하느라 돈도 버리고 친구랑 놀 시간도 버려야 하지라는 생각이 들었죠. WOW 없이도 행복하게 사는 사람들이 많은데 말이에요. 전 그냥 로그를 다시 팔아서 그동안 게임에 쏟아부은 돈을 모두 회수하고 싶어요.

• • •▶

저는 정말 WOW를 끊고 싶어요. 2년이나 했거든요. (……) 근데 문제는 게임 말고 딱히 할 게 없는 거예요. :(

• • •▶

의사 선생님들이 그러는데 제가 밤낮없이 의자에만 앉아 있어서 다리 한쪽에 심부정맥 혈전증이 생겼대요.[31]

시장조사업체 NPD 그룹에 따르면, 모니터 앞에서 일주일에 평균 22시간을 보내는 하드코어 게이머가 무려 3,400만 명에 달한다고 한다. 중국과 미국이 전 세계 게임 매출액의 50%를 차지하는 가운데 2018년의 게임 시장 규모는 1,134억 달러에 달했다.[32] 《정신질환의 진단 및 통계 편람 제5판DSM-5, Diagnostic and Statistical Manual of Mental Disorders》(정신장애 분류에 대한 공통 용어와 기준을 제공)에서는 '인터넷 게임장애internet gaming disorder'에 대해 '추가 연구가 필요한 상태'로 기술해놓았다. 즉 이 질환은 DSM을 출판하는 기관인 미국 심리학회 American Psychological Association의 관심 증상이다. 게임은 인간관계, 건강, 학교생활 같은 중요한 생활 영역에 지장을 주고 다른 중독들처럼 심각한 문제를 유발한다. 게임 세계 안에서는 현실 생활에서 일반적으로 행동하는 것과 다르게 행동할 수 있으므로 자존감과 인간관계 문제를 유발할 수 있다. 가령 게임을 하는 동안 소극적인 아이는 과감해지고, 소심한 아이는 공격적으로 변할 수 있다.

여러 해 동안 내가 상담해온 사회성이 부족한 아이들은 가상세계에서는 자신을 표현할 수 있고, 군대를 승리로 이끌 수 있고, 특정 게임의 리더가 될 수 있었다. 게임을 하면 현실적 성과는 없어도 실제적 성취감을 느끼게 된다. 현실 생활에서 만루홈런을 칠 때 활성화되는 동일한 뇌신경세포가 게임 컨트롤러를 조작할 때도 활성화된다.

게임 중독 아이의 부모는 자기 아이에게 진정한 친구가 없다고 호소했다. 아이에게 전화를 거는 친구도, 집에 놀러 오는 친구도, 자기 집에 놀러 오라고 초대하는 친구도 없다. 그래서 게임을 금지하면 아이에게 너무 가혹하다는 것이다. 부모들은 아이의 유일한 '친구'와 아이가 유일하게 잘하는 것을 박탈하는 기분이 든다고 했다.

하지만 안타깝게도, 헤드셋과 모니터를 통해 친구를 사귀느라 대면 교류를 할 시간이 없는 아이는 현실세계의 성공에서 절대적으로 중요한 소통 기술을 발달시키지 못한다. 이런 아이들은 누군가와 대면 소통을 한다는 생각만으로도 심각한 스트레스를 받을 수 있다. 신경가소성 원리로 돌아가 보자. 뭐든 쓰지 않으면 쓸모없게 된다. 더구나 특정 게임을 잘해서 얻는 가상적 성공이 그 아이가 경험하는 유일한 성취라면, 현실에서는 성공의 경험이 현저히 적어져 계속 자존감에 상처를 받을 것이다.

＃ 물리적 현실

과학 잡지 〈플로스 원Plos One〉에 발표된 한 논문에는 게임 중독으로 인한 수면 부족이 비만증과 심혈관 대사 질환을 일으킬 수 있다는 연구 결과가 실렸다. 연구자들은 12세에서 17세 사이의 청소년 99명 으로부터 자료를 수집했다. 설문조사, 핏빗Fitbit 수면 모니터, 신체 검사, 혈액 검사 등의 자료가 활용되었다. 모든 자료를 분석한 후 연구자들은 게임 중독이 수면 시간에 부정적 영향을 미치고, 그 결과로 혈압 상승, LDL 콜레스테롤 수치 상승, 트리글리세라이드 증가, 인슐린저항성을 유발할 수 있다는 사실을 밝혔다. 결론적으로 게임 중독은 미래에 비만, 심장병, 2형 당뇨병으로 이어질 수 있다.[33] 아이가 게임을 하는 상황이 걱정된다면, 다음과 같은 일이 벌어지는지 주의 깊게 살피자.

- 방과 후에 많은 시간을 컴퓨터나 게임을 하는 데 보낸다.
- 학교 성적이 떨어졌다.
- 학교에서 집중력이 떨어진다.
- 학교에서 잔다.
- 게임을 하거나 컴퓨터를 한 것에 대해 거짓말한다.
- 현실세계보다 게임에서 친구를 사귄다.
- 스포츠나 방과후 활동을 빼먹는다.
- 게임을 끄라고 하면 화를 낸다.
- 게임을 하지 못해서 짜증을 낸다.

게임을 지나치게 하는 아이에게 게임을 끊게 하면 나쁜 상황이 벌어질까 봐 걱정될 것이다. 하지만 그렇다 해도 그 고비를 잘 넘겨야 한다. 그렇다. 아이가 성질을 부려서 집안 분위기가 잠시 험악해지겠지만 이내 괜찮아진다. 어차피 정면돌파해야 한다. 나중에는 그러기를 정말 잘했다는 생각이 들 것이다.

6장

부모 따로 아이 따로 지내는
가정 풍경

이따금 가족과 식사하러 나가서 음식점에 앉아 있을 때면 벌떡 일어나서 확성기를 들고 이렇게 외치고 싶다. "모두 고개 좀 들어주시겠어요!" 외식하러 나가서 보면 아이 어른 할 것 없이 모두 태블릿과 스마트폰에 고개를 박고서 대화가 없다. 그걸 보면 미치겠다. 가족과 스크린을 맞바꾼 생활이 언제부터 그리도 좋아졌단 말인가?

얼마 전에도 가족 외식을 나간 적이 있다. 우리 오른쪽 테이블에 앉아 있던 남자가 아내에게 계속 말을 걸고 있었다. 그런데 아내의 눈은 남편과 채팅창 사이를 왔다 갔다 하고 있었다. 여자 분은 남편의 말을 귀담아듣지 않았을 것이다. 우리 왼쪽 테이블에는 여자 어른 4

명과 여자아이 1명이 앉아 있었다. 여자 어른 2명은 테이블의 다른 친구들과 대화하는 척하면서 무릎 위에 몰래 올려놓은 스마트폰을 계속 훔쳐보고 있었다. 여자아이는 앉아 있는 내내 양쪽 귀에 이어폰을 꽂은 채 태블릿을 보고 있었다. 아이는 게임에 폭 빠져서 주변 상황을 깡그리 잊은 것 같았다. 웨이트리스가 음식을 가져다주었을 때도 한참 동안 알아차리지 못했다. 건너편 테이블에도 부부 한 쌍이 아이 둘과 앉아 있었다. 아이들은 조용히 태블릿만 보고 있었고 부부는 아이들로부터 해방되어 '혼자만의' 시간을 즐기고 있었다.

우리 가족은 두 가지 이유에서 외식을 좋아한다. 음식을 먹으러 나가서 좋고, 그 시간 동안 함께 있을 수 있어서 좋다. 함께의 의미는 서로 외면하지 않고 대화를 나누고 웃고 소통하는 것이다. 안타깝게도 나는 음식점 손님들이 기기에 몰두하지 않고 같이 어울리며 식사하는 모습을 본 때가 언제였는지 기억이 가물가물하다. 다음에 외식하러 나갈 일이 있으면 직접 눈으로 확인해보기 바란다. 특히 부모와 아이들 사이에 대화와 소통이 부족한 모습을 잘 살펴보기 바란다.

요즘의 부모들은 그렇게 각자 기기에 몰두하며 식사를 하는 상황이 문제라는 것을 잘 모른다. 그에 대해 적절한 교육을 받은 적이 없다. 그래서 나는 강연에서 이런 주제들을 주로 다룬다. 원래 저녁 식탁은 아이들과 대화하면서 아이들의 생활이 어떻게 돌아가는지 확인하는 자리이다. 그런데 지금은 달라졌다. 노스리지 캘리포니아 주립대의 노먼 헤르 Norman Herr 교수의 말에 따르면, 일반적인 부모가 아이와 의미 있는 대화를 나누는 데 쓰는 시간은 주당 3.5분이라고 한다.[34] 그렇다. 주당이다! 요즘에는 음식점 체인들이 좌석마다 태블릿을 설치하지 않으면 안 되는 추세이다. 저녁 식사의 가장 중요한 부분인 사랑하는 사람들과 대화하며 보내는 시간을 없애고 있는 것이다.

아이가 울거나 떼를 쓰면 태블릿이나 텔레비전 앞에 앉히면 해결된다. 그것이 우리가 아는 가장 좋은 해결 방법이다. 가끔은 써먹을 수 있다. 하지만 우리는 돌이킬 수 없는 지경까지 온 게 아닐까? 다음에 운전할 일이 있으면, 특히 교통이 한산할 때 주변의 차 안을 보라. 차에 타고 있는 사람들이—때로는 운전자마저—계속 휴대폰을 스크롤하는 모습을 볼 것이다. 뒷좌석에 아이가 앉아 있다면 좌석에 내장된 화면이나 아이패드에서 눈을 떼지 않는 모습을 볼 것이다. 장시간 차로 이동할 때는 아이가 화면을 보며 시간을 좀 보내도 괜찮다. 문제는 그게 아니다. 등교할 때나 축구 연습장에 가는 5분 정도 시간에도 스크린만 쳐다본다.

부모가 아이와 좋은 관계를 맺을 수 있는 세상에서 가장 완벽한 장소는 저녁 식탁과 등교하는 차 안이다. 그날의 일과에 관해 대화하고 아이의 생각을 확인할 수 있다. 그런데 우리는 태블릿과 스마트폰에 이런 기회를 빼앗기고 있다. 나는 매일 아침 출근길에 학교 주차장에 차를 댈 때 이런 모습들을 확인한다. 1,300명의 학생과 교직원이 거의 같은 시간대에 몰리니까 주차장은 항상 붐빈다. 룸미러에 항상 같은 모습이 포착된다. 스트레스에 찌든 부모는 차를 몰고 있고, 앞좌석에 앉은 십 대 아이는 이어폰을 낀 채 폰을 보고 있다. 어떤 대화도, 어떤 접촉도 없다. 미국 소아과학회 American Academy of Pediatrics 는 18개월 이전 유아는 스크린에 노출되면 안 되고, 5세까지 유아는 최대 1시간만 허용하라고 권장한다. 그러나 수많은 영아, 유아, 십 대가 주 7일간 하루에 몇 시간이나 이런 기기들을 보며 지낸다.

남의 아이를 교육할 때의 곤란

내가 가장 좋아하는 취미는 야구이다. 어릴 때 야구 연습을 많이 하지 않았어도 재능이 있었다. 전국 고등학교 최고의 야구팀 선수였고 대학 시절에도 계속 선수 생활을 했다. 우리 아들이 2003년에 태어나고 병으로 마시는 법을 배우기 전에 손에 방망이부터 쥐었다. 지금

나는 아들의 원정 야구팀 코치를 맡고 있다. 야구팀 가족들은 서로 매우 친하다. 아이들이 5년이나 함께했다. 종종 토너먼트 경기를 갈 때면 호텔에 같이 묵으면서 식사도 같이한다. 사내애들끼리 한 테이블에 앉고 어른들끼리 한 테이블에 앉는다. 아이들은 옹기종기 앉아 시끄럽게 떠들면서 얼빠진 짓을 한다. 지극히 애들다운 모습이다. 작년에 아이들이 6학년이 되었다. 그러자 우리 아들 빼고 모든 아이가 첫 스마트폰들을 가졌다. 이제 아이들은 앞에 있는 스크린에 쏙 빠져 서로에게서 단절되기 시작했다. 한때는 12명의 소년으로 왁자지껄하던 테이블이 쥐죽은 듯 고요해졌다.

작년 여름의 경기 시즌에 있었던 일이다. 나는 이제 참을 수 없었다. 우리의 장한 아들들이 모두 함께 테이블에 앉아 학교 얘기, 야구 얘기, 시시콜콜한 얘기를 하며 떠드는 대신 휴대폰으로 게임만 하고 있었다. 처음에는 남의 자식들이니까 뭐라고 말할 처지가 아니라고 생각했다. 그런데 갑자기 이런 생각이 스쳤다. 나는 그 아이들의 코치니까, 운동장이든 음식점이든 팀이 모여 있을 때는 아이들이 해야할 것과 하지 말아야 할 것을 지도할 수 있어야 한다는 생각이 들었다. 그래서 하루는 부모들끼리 앉아 있던 테이블에서 벌떡 일어나 코치의 엄한 목소리로 휴대폰을 당장 부모님에게 넘겨주라고 말했다. 휴대폰이 없어지자 아이들은 떠들면서 대화를 나누기 시작했다. 놀랍

게도 부모들 모두 그 조처에 감사해했다. 소년들은 어땠을까? 좋아했
다. 어울려 깔깔대면서 남자아이들이 으레 하는 짓들을 하며 놀았다.

나의 일화에 담긴 메시지는 간단하다. 아이는 다른 아이와 얼굴을
맞대고 대화하며 놀아야 한다. 이는 사회성과 정서의 발달에 아주 중
요하므로 잦을수록 좋다. 이제 이 중요한 문제를 못 본 척하고 지나
쳐서는 안 된다. 아이들이 또래 친구나 부모와 단절된 채 휴대폰하고
만 놀게 놔두어서는 안 된다. 그날 밤 음식점에서 그런 상황을 코치
로서 잘 다룬 것에 대해 나는 뿌듯했다. 아이들뿐 아니라 부모들도
깨달은 바가 있었을 것이다. 부모로서 자신의 친구들과 그들의 아이
들이 있는 자리에서 아이들을 이끄는 일을 두려워하면 안 된다. 모두
가 함께 참여한 자리에서 어른 중 한 명이 행동할 수 있는 일이다. 상
황을 인식한 부모라면 그런 조처를 반길 것이다. 아이들 역시 느끼고
따를 것이다.

사라진 가족 시간

지난 몇 년 동안 내 상담실에는 일상생활에서 어려움을 겪는 십 대
의 상담 의뢰가 엄청나게 많이 몰렸다. 나는 아이들이 겪는 문제를

명확히 파악하기 위해 부모를 먼저 만나는 편이다. 아이의 문제는 대개 불안, 우울증, 이상 행동과 관련 있는데 원인은 주로 소셜미디어나 게임이다. 한 주에 40시간이나 특정 게임을 했다는 16세 남자아이. 온라인에서 가짜 신분을 만들고 자기가 한 거짓말을 스스로 믿게 된 남자아이. 부모들에게서 내가 들은 이야기들은 경악스러웠다. 무력감에 빠진 부모들은 아들과 딸을 도우려면 어떻게 해야 하냐고 호소한다. 내가 줄 수 있는 간단한 대답은 이것이다. 아이들과 대화하세요.

요즘 미국의 전형적인 가정 분위기는 이전 세대와는 판이하게 다르다. 어른들 역시 현관에 서서 이웃 사람 한 명하고라도 얼굴을 마주하고 대화를 나누는 일이 거의 없다. 도둑잡기놀이를 하며 온 동네를 뛰어다니다가 오후 6시가 되면 엄마가 밥 먹으라며 부를까 봐 마음을 졸이는 아이도 없다. 가족들은 집 안에 틀어박혀 각자 손에 스크린을 든 채 격리되어 있다. 미국의 가족은 이제 가족처럼 보이지 않는다. 이 신종 미국 가족을 엿보기 위해 몰래카메라를 설치한다면 이런 식이 될 듯하다. 엄마, 아빠, 아이 모두 서로 단절된 채 컴퓨터, 태블릿, 스마트폰, 게임기에 접속돼 있다. 아빠는 야구 경기를 보고, 엄마는 컴퓨터로 뭔가를 하고, 아이들은 비디오게임을 하며 메시지를 주고받거나 주구장창 유튜브를 보고 스냅챗을 한다. 이 가족은 한

지붕 밑에 살지만 서로를 거의 모른다.

과장일까? 매일 밤 가족과 단절된 채 자기 방에 틀어박혀 있지 않은 아이가 있다면 한번 데려와 보라. 단절된 가족의 정경은 어느새 일반화되었다. 하지만 그것이 일반적이라 해서 정상이라는 의미는 아니다. 육아 철칙 중 하나는 연령과 상관없이 아이의 방에는 어떤 형태의 전자기기도 두면 안 된다는 것이다. 그 위험성을 잘 모르기 때문에 보통은 이 조언을 무시한다. 점점 많은 아이가, 특히 십 대가 은둔하듯 생활하는 식으로 바뀌어 부모와 대화를 단절한다. 아이들은 기기에 중독되어 주변 사람에게 관심을 끈다. 자기 가족이 바로 눈앞에서 붕괴하고 있는데 조금도 알아채지 못하는 부모가 많다. 부모 역시 디지털 세계에 정신이 팔려서 아이에게 관심이 필요하다는 사실을 잊고 지낸다.

이 책에서 지금까지 한 이야기는 이 한 문장으로 정리할 수 있다. '아이를 아이 방에서 끄집어내 거실로 데리고 나오세요.' 집에 '거실'과 각자의 침실이 따로 있는 이유가 있다. 거실은 가족과 시간을 보내기 위한 곳이고 침실은 그저 잠을 자는 곳이다. 따라서 부모부터 집에 있을 때는 미디어 사용을 줄여야 한다.

커먼센스 미디어의 최근 조사에 따르면, 십 대의 휴대폰 중독 문제로 가족 안에 갈등이 있다고 한다. 1,240명의 부모와 아이를 대상으로 한 조사에서 50%의 십 대가 자신이 휴대기기에 중독되었다고 느꼈고, 59%의 부모가 아이의 중독을 인정했다. 조사 대상이었던 가족의 3분의 1 이상이 휴대기기 사용이 일상생활에—운전, 공부, 식사에—영향을 미치고 있다며 걱정했다. 커먼센스 미디어의 설립자이자 CEO인 제임스 스티어 James Steyer의 말에 따르면 "휴대기기로 가족의 일상생활 양식이 근본적으로 바뀌고 있다."[35] 커먼센스 미디어의 주요 조사 결과는 다음과 같다.

- **중독 상황** : 십 대 2명당 1명이 스스로 기기에 중독되었다고 느끼며, 부모의 절반 이상(59%)이 아이의 중독을 인정한다.
- **사용 빈도** : 72%의 십 대와 48%의 부모가 문자메시지, 소셜미디어 메시지, 알림에 당장 응답해야 한다고 느낀다. 69%의 부모와 78%의 십 대가 최소 1시간마다 기기를 체크한다.
- **주의산만** : 77%의 부모가 한 주에 몇 번밖에 없는 가족 모임 시간에 아이들이 기기에 정신이 팔려 딴짓을 한다고 느낀다.
- **갈등** : 부모와 십 대의 3분의 1이 매일 기기 사용 때문에 언쟁한다고 답했다.
- **위험 행동** : 56%의 부모가 운전 중 휴대기기를 확인한다는 사실을 인정하며, 54%의 십 대가 이를 옆에서 목격한다고 답했다.

앞에서 언급한, 부모가 휴대폰을 빼앗자 자살 메모를 남겼다는 십대 남자아이를 기억하는가? 아이가 자기 방에만 틀어박혀 있다는 이야기를 듣고서 나는 부모에게 간단한 조언을 했다. 매일 밤 의무적으로 가족 대화 시간을 가지라는 것이었다. 그분들은 실행했다. 아이는 마지못해 방에서 나왔다. 가족도 서로를 알게 되었다. 결과는 어땠을까? 당연히 아이의 상태가 좋아졌다. 아이들은 우리를 필요로 한다. 아이는 부모와 대화해야 하고, 부모는 아이와 대화해야 한다. 잠시 가족을 떠올린 후 스스로에게 다음의 질문을 해보자.

1. 매일 아이와 함께 앉아서 의미 있는 대화를 나누는가?
2. 아이가 혼자 자기 방에서 많은 시간을 보내고 있는가?
3. 나는 혼자 스크린 앞에서 많은 시간을 보내고 있는가?

우리는 어쩌다 이 지경까지 왔을까? 몇 가지 원인이 있다. 첫째, 요즘 세대의 부모들은 아이에게 '안 돼'라고 말하기를 어려워한다. '안 돼'라고 하면 아이와의 관계가 나빠질까 봐 두려워한다. 다음으로, 지금의 모든 기술과 기기가 언제 스며들었는지도 모르게 눈 깜빡할 사이에 우리 삶 안으로 들어왔다. 마지막으로, 디지털 중독과 그에 따른 갈등이 너무 일반화되어 이제는 거의 정상인 상황으로 보인다. 하지만 나는 지금의 상황이 정상이 아니라고 자신 있게 말할 수 있다.

저녁 식탁을 신성하게

나는 2년 전에 푸드 네트워크가 기획한 〈저녁식사가 우리 가족을 구할 수 있을까?Can Dinner Save My Family?〉라는 파일럿(시범) 프로그램의 사회를 맡은 적이 있다. 프로그램의 목적은 갈등을 겪고 있는 가족이 한 달 내내 저녁식사를 함께 먹도록 해서 그 가족을 변화시키는 것이었다. 푸드 네트워크는 그 파일럿 프로그램을 시리즈로 발전시키지는 않았지만, 문제아 15세 아들을 둔 싱글맘 이야기를 1회 방영했다. 엄마는 최근에 소년원에서 출소한 아들과 간절히 관계를 회복하고자 했다. 나는 그 가족에게 30일 내내 저녁식사를 함께 준비해서 먹으라는 처방을 내렸다. 프로그램은 규칙적으로 저녁식사를 함께 먹으면 가족 관계가 회복돼 제대로 돌아간다는 사실을 다큐멘터리 형식으로 보여주었다. 30일간의 가족 식사 처방은 효과가 있었다. 엄마와 아들은 훨씬 가까워져서 둘 사이에는 다툼이 줄고 대화가 많아졌다.

여러 연구에 따르면, 가족과 함께 규칙적으로 저녁을 먹는 아이들은 위험한 행동에 관여하거나 정신건강의 문제를 겪는 일이 적고, 학교생활도 원만하여 대체로 행복하게 생활하는 경향이 있다고 한다. 그런데 불행히도, 우리는 회사에서 퇴근하는 대로 아이들을 차에 태우고서 댄스 연습실에 데려다줬다가, 축구장에 데려다주는 식으로, 너무 많은 일을 바삐 해치우느라 규칙적이든 가끔이든 함께 저녁을 먹을 시간을 못 낸다. 저녁을 함께 먹더라도 식사 중에 아이가 TV를 보거나 스마트폰을 사용하도록 허용한다. 저녁 식탁은 우리 아이들의 생활이 어떻게 돌아가는지 알 기회를 주는 곳이기에 신성한 공간이 되어야 한다. 그런데 저녁식사 시간이 텔레비전과 스마트폰에 의해 방해받으면, 어른에게도 아이에게도 중요한 대화 시간이 줄어든다. 주중의 저녁 시간에는 가족과 함께 식사를 하면서 전자기기를 사용하지 않는다는 규칙을 세우도록 하자.

내가 어릴 때 우리 집에서는 매일 저녁마다 가족이 함께 식사하는 것이 의무였다. 형제자매들과 나는 저녁 6시가 되면 무슨 일이 있어도 저녁 식탁에 앉아 있어야 했다. 식사 전에 가족들이 각자 손을 모으고 있으면, 아버지는 우리에게 훌륭한 식사와 가족을 주신 하늘의 주님께 감사의 기도를 드렸다. 매일 바쁘게 돌아가는 현대 생활에서 가족 식사는 불가능해 보일 것이다. 안다. 하지만 나는 절대 불가능하지 않다고 감히 말하고 싶다. 나의 경우, 우리 부부와 아이들은 거의 매일 함께 모여 저녁식사를 한다. 내가 어릴 때처럼 딱 정해진 시간에 먹지는 않지만 저녁 때 같이 먹기를 잘 지킨다. 가끔 내가 저녁 8시쯤 퇴근할 때도 있다. 하지만 우리 부부는 이 저녁 식사 의식이 지닌 중요성을 알고 있기에 늦은 시간이어도 함께 식사를 한다. 식사 중에 텔레비전이나 전자기기는 허용되지 않는다. 우리는 대화를 나누면서 먹는다. 나는 아이들의 생활을 알게 되고, 아이들은 나의 생활을 알게 된다. 내 말의 요점은 TV와 스마트폰을 꺼서 사이버 세상과 차단돼 있기 때문에 가족들이 서로에 대해 알게 되고 서로 연결된다는 것이다.

진정한 순간을 포착하라

몇 년 전에 나는 부모님, 형제자매, 우리 애들, 조카애들을 모두 데리고 실내 물놀이장에 다녀왔다. 남동생과 나는 남자아이들을 데리고 워터슬라이드와 여러 놀이기구를 타고 다니며 놀았다. 남동생은 방수 카메라로 자기 아들과 함께 슬라이드를 타는 모습을 포착하려고 했다. 그래서 카메라 작동을 준비하고 나서 슬라이드를 죽 미끄러져 내려갔다. 나는 동생에게 "순간을 포착했냐"고 물었다. "물론이지"라고 동생이 대답했다. 그때 이렇게 말해주었다. "조, 너는 '순간을 포착'하느라 순간을 놓쳤다는 사실을 모르지?" 동생은 아리송한 표정으로 나를 쳐다보았다.

아이들과 함께하는 순간을 놓치고 있지는 않은가? 아이들과 같이 있는 현재의 순간에 완전히 몰두해 있는가? 아니면 스마트폰이나 컴퓨터에 방해받고 있는가? 집안 분위기가 치과 대기실과 비슷하다면 아이와 함께하는 순간들과 아이가 성장하는 모습들을 놓치는 것이다. 부모는 아이와 떨어져 성장하고 아이는 부모와 떨어져 성장하는 상황이다. 그런 집안은 전자기기에 정신이 빼앗긴 낯선 사람들이 매일 모인 곳에 불과하다.

내가 가장 좋아하는 야구팀인 뉴욕 양키스의 경기를 볼 때마다 나는 홈플레이트 뒤편의 야구팬들을 흥미롭게 관찰한다. 거기에 있는 많은 팬들이 실은 경기를 보고 있지 않는 광경이 내 눈에 보인다. 그들은 자신들이 앉은 자리가 얼마나 멋진지, 그래서 자신들이 얼마나 대단한 존재인지를 알리려고 주변의 사진을 찍거나 셀카를 찍고 있다. 사진을 안 찍고 있을 때면 야구 경기가 진행 중인데도 메신저를 하거나 소셜미디어를 한다. 스포츠 경기장마다 볼 수 있는 풍경이다. NBA 경기장의 관람석에 앉아 있는 팬들을 주의 깊게 살펴보라. 경기가 돌아가는 상황은 놓치면서 폰만 들여다보는 이들이 많다. 우리는 야구경기장에 가서도 사진을 찍거나 휴대폰을 보느라 산만해져서 실제 경기의 많은 순간들을─승리의 장면까지─놓치고 있다.

욘더 Yondr라는 회사가 이 문제를 해결하기 위해 간단한 비즈니스 목적을 설정했다. 스마트폰으로 포스팅이나 라이브방송을 하지 않을 때 실제로 보는 순간이 얼마나 멋진지를 보여주는 것이다. 그래서 어떤 행사장에 들어갈 때는 폰을 욘더 파우치에 넣게 하는 것이다. 휴대폰 사용금지 구역에서는 파우치가 잠금 모드가 된다. 그러면 행사 참석자들은 폰을 계속 가지고 있으면서도 방해받지 않고 자유롭게 행사를 즐길 수 있다. 참석자가 폰을 사용할 일이 생기면 폰 사용금지 구역 밖으로 나가 파우치를 잠금 해제하면 된다. 많은 유명 팝스타와 코미디언들이 욘더 파우치를 아주 좋아한다. 학교, 식당, 결혼식장, 스포츠경기장에서 파우치를 대여해주기도 한다. 욘더의 설립자 그레이엄 듀고니 Graham Dugoni는 회사의 사명을 이렇게 설명했다. "저는 욘더를 하나의 사회 운동으로 보고 있어요. 사회의 일익을 담당하는 것이죠. 사람들이 삶의 의미를 잃지 않고 디지털 시대를 살도록 도와주는 것입니다."[36] 그런데 마음만 먹으면 우리에게 욘더 파우치는 필요하지 않다. 부모들 먼저 약간의 자제력을 키운 뒤 이를 아이에게도 지도하면 된다.

내가 야구 코치를 할 때마다 살펴보면, 관람석에 있는 부모들이 스마트폰에 정신이 팔려 아이가 경기하는 모습을 놓치고 있다. 그 부모들은 아이를 지원하기 위해 몸은 경기장에 와 있지만, 마음은 딴 곳에 있다. 딴 세상에 있는 것이다. 아이와 있을 때면 언제 어디서나 이 사실을 명심하자. 아이와 같은 방에 있고 아이가 참여한 경기장의 관람석에 앉아 있지만 스마트폰과 눈앞의 아이 사이를 계속 왔다 갔다 한다면 아이와 함께 있는 것이 아니다. 아이는 이 사실을 금세 알아챈다. 이는 나쁜 모범이 되어 아이 역시 다른 사람을 대할 때 그렇게 할 것이다.

7장

휴대기기와 정서

감성지능 EQemotional quotient는 우리가 건강하고 생산적인 감성을 쓰고, 이해하고, 관리하는 능력이다. EQ는 우리가 효과적으로 소통하고, 타인과 공감하며, 인생의 문제들을 극복하도록 돕는다. 관련 연구들에 따르면 EQ가 높은 사람은 정신적, 신체적으로 건강하다. 이들은 인간관계를 튼튼하게 구축하며 직장에서 직무도 잘 수행한다. 리더십이 뛰어나려면 EQ가 IQ보다 두 배 중요하다는 연구들도 있다. 안타깝게도 EQ는 영어나 역사처럼 교실에서 배울 수 있는 게 아니다. 하지만 성공을 위한 가장 핵심적인 기술이다.

저명한 심리학자 대니얼 골먼 박사Dr. Daniel Goleman(EQ의 개념을 대중화한 학자—옮긴이)는 EQ에 대해 '혼합모델mixed model'을 창안했다. EQ가 다음의 5가지 핵심 능력 영역으로 이루어진다는 것이다.

1. **자기인식**self-awareness : 자기인식은 자신의 감정을 아는 것과 관련된 능력이다. 자신의 감정이 어떻게 촉발되는지, 감정이 일어날 때 그것을 어떻게 해결하는지와 관련된다.

2. **자기관리**self-management : 자기관리는 감정의 방해를 받을 때 이를 제어하는 능력이다. 자신과 다른 생각을 가진 사람과 대화할 때 감정을 자제하고 침착하게 대화하는 것을 예로 들 수 있다.

3. **동기부여**motivation : 많은 사람들이 돈이나 사치품 같은 외적인 것에 의해 동기부여가 된다. 골먼은 EQ가 높은 사람은 내적 요소에 동기부여가 된다고 보았다. 외적인 것이 기쁨과 행복을 가져다줄 수 없다는 사실을 알며 그런 것들에 동기를 부여받지 않는다. 대신에 순수한 기쁨을 주는 일 또는 생산적인 일에서 동기를 부여받는다.

4. **공감능력**empathy : 앞의 세 가지가 자신의 감정을 다루는 능력이라면, 공감능력은 타인의 감정을 지지하는 능력이다. 즉 타인의 감정을 읽고 그에 적절히 대응하는 기술이다.

5. **사회성 기술**social skills : 타인에 대처하는 능력이다. 사회성 기술이 높은 사람은 직장이나 학교 등 모든 곳에서 다른 사람과의 공감대를 잘 형성한다. 사람을 설득할 수 있는 능력이기도 하다.[37]

당연히 우리 모두는 자기 아이가 이런 중요한 기술들을 갖기를 바란다. 그런데 21세기의 디지털 키드들은 대개 그렇지 못해서 문제다. 그래서 내 상담실의 전화기가 예전보다 훨씬 자주 울리는 것이다. 내가 근무하는 고등학교에도 정신붕괴를 겪는 학생이 너무 많다. 미국 전역의 대학 상담실이 긴급 전화를 예전보다 2배 많이 받는 사유이기도 하다. 보스턴대학교의 연구교수 피터 그레이Peter Gray가 2015년 9월에 〈사이콜로지 투데이Psychology Today〉에 기고한 글에 따르면, 대학생들 역시 정서적 위기에 놓여 있고 일상생활에서 겪는 사소한 문제들에 대해서도 도움을 구하고 있다. 어떤 학생은 '나쁜 년'이라는 욕을 들어서, 어떤 학생은 아파트에서 생쥐를 보고 놀라서 정신적 외상 상담을 요청했다고 한다.[38]

그레이 교수의 말에 따르면, 미국의 대학들에서는 학생의 정서적 나약성 때문에 학점과 관련한 심각한 문제가 생기고 있다고 많은 교수가 지적하고 있다. 학생에게 낮은 학점을 주기를 꺼리는 교수도 있다고 한다. 그렇게 했다가는 교수실에 와서 정신적 좌절을 호소하는 학생들을 감당해야 하기 때문이다. 대학교의 정신상담 책임자들도 캠퍼스에서 경험한 학생들의 감정 회복 능력 부족을 논의하기 위해 여러 차례 회의를 소집했다. 상담 사례들을 보면, 청년기 후반과 성년기 초반의 상태에 대해 미국 전역에서 보고되는 상황과 아주 흡사

하다. 그레이 교수는 일련의 회의에서 정리된 몇 가지 주제를 다음처럼 요약했다.

- 대학생들이 의존적이고 감정 회복 능력이 약하다 보니 교수들이 개입해서 학점 기준을 낮추어 학생들에게 부담을 주지 않으려 한다.
- 교수들이 무력감을 느낀다. 현재 상황에 대해 좌절감을 표하는 교수들이 많다. 어떤 기관들이 이 문제를 다룰 수 있을지 감이 잡히지 않는다.
- 학생들은 실패가 두려워서 위험을 감수하지 않는다. 따라서 세상일에 대해 자신감을 가질 필요가 있다. 하지만 학생들은 실패를 돌이킬 수 없고 용납할 수 없는 것으로 여긴다. 성공에 대한 외적 척도를 배움이나 자율적 발전보다 중요시한다.
- 교수들, 특히 젊은 교수들은 학생들로부터 낮은 교수 평가를 받지 않기 위해 학생들의 요구를 들어줘야 한다는 스트레스를 받고 있다. 학생들은 사소한 일에도 교수에게 이메일을 보내고 빠른 답변을 원한다.
- 학생들이 실패를 통해 노력하는 모습이 정상화되어야 한다. 학생들은 조금만 틀려도 불안해한다. 이미 제출한 논문에 실수가 있으면 어떻게든 고치려고 한다. 대학은 잘못과 실수를 통해 배우는 학생들의 능력을 정상화해야 한다.

지나치게 오래 전자기기와 소셜미디어를 사용하는 학생들도 이런 심각한 문제를 겪게 될까? 나는 그렇다고 생각한다. 앞에서 언급한

클리포드 내스 교수의 멀티태스킹 연구를 기억하는가? 멀티태스킹의 영향을 받는 뇌의 영역은 감정 관리를 담당하는 뇌의 영역과 같다고 한다. 내스 교수의 말에 따르면 "감성지능이 높으면 실행 기능을 관장하는 뇌의 앞부분인 전두엽이 건강한 상태이다."[39] 어떤 메시지가 외부에서 뇌에 들어오면 가장 먼저 편도체라고 하는 감정 중추로 들어간다. 그리고 뇌가 제대로 기능하면 그 메시지를 다시 전두엽으로 내보낸다. 그러면 이곳에서 정보를 어떻게 처리할지 결정한다. 감성지능이 약한 사람은 뇌의 감정 관장 부분인 편도체와 뇌의 이성 관장 부분인 전두엽 사이의 연결이 부실하다. 그래서 사회적 불안, 일반적 불안, 우울증 등 많은 다양한 문제를 겪는다. 그렇다면 이 부실한 연결의 원인은 무엇일까?

앞에서 언급했듯 EQ는 자신의 감정을 이해하고 조절하는 능력이면서 동시에 타인의 감정을 이해하는 능력이다. 이 능력은 태어날 때부터 갖추는 것이 아니다. 사람들의 목소리, 자세, 표정의 관찰을 통해 학습한다. 즉 화면 대 화면의 상호작용이 아니라 사람 대 사람의 상호작용을 통해서만 학습하고 발달한다. 감성지능 학습은 어릴 때부터 시작된다. 내스 교수의 말에 따르면 지금은 이런 학습이 잘 이루어지지 않는다고 한다. 얼굴을 마주하면서 하는 소통이 전부였던 전 세대들은 높은 EQ를 발달시키기가 쉬웠다. 그때는 지금처럼 다양한 놀 거리가 없었다. 한가한 시간을 보냈고 사람들과 소통하기 위해 굳이 스마트폰이나 태블릿을 꺼낼 일이 없었다. 결론적으로 말하면 디지털 주의산만 상태에서는 감성이나 적절한 소통 능력을 배울 수 없다. 8세~12세 3,400명의 여자아이들을 추적한 연구도 있다. 가장 중요한 발달 시기에 있는 아이들의 미디어 사용, 대면 소통, 멀티태스킹 상황을 살펴본 연구인 것이다. 아이들에게 사회적, 정서적 발달과 관련한 구체적 설문을 하였다. 미디어를 사용해 친구를 사귀는 여자아이들은 다음과 같은 사실을 보여주었다.

- 정상적인 상태보다 감정을 덜 느낀다.
- 또래 압력peer pressure(또래 집단으로부터 받는 사회적 압력—옮긴이)을 강하게 느낀다.
- 나쁜 영향을 주는 친구들이 많다.
- 수면이 부족하다.

지나친 온라인 미디어 사용은 부정적인 사회적, 정서적 특성과도 관련이 있었다. 그런데 이 연구에서는 아이들의 사회적, 정서적 발달에 긍정적 예측변수로 기능할 수 있는 요인이 발견됐다.[40] 그렇다면 높은 EQ를 얻게 해주는 공식은 무엇일까? 사람들과 얼굴을 보고 자주 소통하는 것이다.

학생들의 감성지능이 저하하는 현상은 비단 대학 캠퍼스에서만 일어나는 것이 아니다. 학교 교육의 모든 단계에서 일어나고 있다. 나는 22년 동안 고등학교 상담교사로 재직했다. 현재 우리 학교에서도 고등학생의 정신적, 정서적 건강 문제와 관련한 상담 건이 대단히 많고 그 심각성이 현저히 크다는 사실을 확인해줄 수 있다. 나는 주변 사람들에게 우리 학교 상담실이나 내 개인 상담실에서 겪는 일들을 하루 동안 따라다니며 보면 좋겠다고 말한다. 일반적인 학생은 별 탈 없이 잘 지내지만, 그렇지 않은 학생의 수가 깜짝 놀랄 만큼 많다. 참, 꼭 짚고 갈 얘기가 있다. 문제가 있는 학생들 사이에는 한 가지 공통점이 있다. 모두 전자기기와 소셜미디어 세계에 깊이 몰입되어 있다는 것이다. 그 사례는 이 책 전체를 채울 수 있을 만큼 많지만, 몇 가지만 정리해보았다.

사회성 기술의 부족

몇 년 전에 나는 컵스카우트에서 보이스카우트로 올라가는 아들 녀석과 아들 친구들을 위해 열린 축하 파티에 참석했다. 내가 아는 부모들도 많이 와 있었다. 부부 모두 심장병 전문의인 크리스틴, 산즈 부부와 나는 같은 테이블에 앉게 되었다. 크리스틴과 나는 밀레니얼세대에 관해 대화를 시작했다. 우리는 밀레니얼들이 소통에 문제가 있다는 데 의견이 같았다. 대학병원의 이사인 크리스틴은 레지던트를 뽑기 위해 면접한 의과대학 졸업생의 이야기를 들려주었다. 지원 학생이 면접실에 들어와 의자에 앉더니 팔짱을 꼈다고 했다. 크리스틴의 말에 따르면, 그 학생은 중요한 면접을 하는 게 아니라 뭔가 지루한 일을 하는 듯한 태도를 보였다고 한다. 그러다 크리스틴이 질문을 던지자 학생은 당황해 어쩔 줄 몰라 하더니 무뚝뚝한 태도로 답변했다. 끝마칠 때는 크리스틴에게 무례한 태도로 "저에게 왜 이런 질문들을 하시죠?"라고 물었다고 한다. 학생은 불합격하자 크리스틴에게 아주 무례하고 자기중심적인 이메일까지 보냈다. 의대를 갈 만큼 똑똑한 사람은 소통 기술도 좋아 면접을 잘할 것처럼 생각될 수 있다. 하지만 이 젊은 아가씨는 감성지능이 충분히 발달하지 못한 게 분명했다.

우리 학군 내 고등학교 상담교사들과 나는 여러 해 동안 또래 리더십 peer leadership 프로그램을 함께 운영해왔다. 이 수업을 받는 동안 학생들은 자기 학교의 학생과 짝을 이루어 활동에 참여한다. 얼마 전 실시한 수업에서 다른 학교 팀의 학생 한 명이 부족해서 우리 학교 학생 한 명을 데려갔다. 다른 학교에서 온 학생 둘이 한 팀이 된 것이다. 내가 두 학생을 인사시키자 어색한 침묵이 흘렀다. 둘 다 아주 모범적인 학생들이었지만 서로 말문을 트지 못했다. "안녕, 내 이름은 잰이야" 같은 기본적인 소개도 하지 못했다. 15세 아이들이 만났을 때 보여주는 전형적인 수줍음 같은 것이 아니었다. 어딘지 정상적이지 않은 수줍음이었다. 나는 두 아이가 또래 유대감을 갖지 못하는 이유가 생활에서 일대일 대면 접촉이 부족해서 그런 것이 아닐까 하고 생각했다. 한때는 극히 자연스럽던 대면 소통 능력이 문자메시지를 통해 친구를 사귀는 세태로 퇴보한 것이 아닐까?

요즘 디지털 세대는 취업 면접에서 좋은 점수를 받는 기술도 부족하고, 처음 누군가를 만났을 때 소통하는 기술도 부족한 것 같다. 1장에서 신경가소성을 이야기할 때 언급한 것처럼 기술은 쓰지 않으면 잃게 된다. 앞의 두 학생의 경우 말고도 사례는 아주 많다. 나는 직장에서 일하면서 이런 소통의 미숙 사태가 매일 벌어지는 것을 본다. 그래도 어쨌든 나는 상담치료사이자 상담교사이므로 사람들과 얼굴을 마주하고 대화하는 게 일이다. 회사 중역인 몇몇 친구들도 이런 현상을 면접실에서 본다고 한다. 대학 졸업생들에게서 훌륭한 이력서를 제출받은 다음 그걸 들고 면접실에 들어가 보면, 지원자들의 모습에서 뭔가가 부족한 느낌을 받는다고 한다. 지원자가 눈도 잘 못 마주치고, 자신감도 없고, 개성을 드러낼 줄도 모른다는 것이다.

우리는 디지털 세대가 매일 대면적인 활동을 통해 이런 중요한 사회성 기술을 발달시키도록 이끌어야 한다. 우리 아이들은 친구들과 함께 어울려 놀면서 몸과 마음이 튼튼해져야 한다. 따라서 아이의 친구들이 집에 놀러 오면 스마트폰 사용시간을 제한해 얼굴을 보면서 대화하며 놀게 이끌자. 이런 유형의 교류에 많이 노출될수록 아이의 의사소통 능력과 감성지능은 한층 향상된다.

3부

부모가
할 수 있는 일

8장

팔로워가 아닌
리더로 키워라

내 강연에는 보통 100~200명의 부모들이 참석한다. 나는 유머를 곁들이며 재미있게 강연하는 편이다. 그래서 강연 중에 이런 식으로 청중에게 질문을 던져본다. "중학생 아이가 〈콜 오브 듀티Call of Duty〉(일인칭 전쟁게임—옮긴이)나 그랜드 테프트 오토Grand Theft Auto(폭력성과 선정성으로 논란이 있었던 록스타노스 사의 게임—옮긴이) 같은 M등급(15세 이상 이용 가능 등급—옮긴이) 게임을 하는 게 적절하다고 생각하시는 분은 손을 들어주세요." 예상대로 한 명의 손도 올라가지 않는다. 모두 그런 게임이 아이에게 해롭다는 사실을 안다. 그 다음에 나는 이렇게 또 질문한다. "댁의 아이가 이 게임 중 하나라도 가지고 있다면 손을 들어주세요." 역시 손이 하나도 올라가지 않는다. 그런데 어딘지 안절부절못하고 불편해 보이는 몸짓이 여기저기에서 감지된다. 그러면 나는 마지막으로 이렇게 말한다. "좋습니다. 그러니까 M등급 게임이 18세 미만 아이들에게 좋지 않다는 점에 모두 동의하시고, 여기 계시는 부모님들은 아이들에게 허용하지 않고 계십니다. 하지만 통계 수치를 보면 여기 참여하신 부모님의 절반 이상의 아이들이 이 게임을 하고 있거나 보유하고 있을 것입니다. 사실 아이들에게 이런 게임을 사 준 장본인은 바로 부모님들입니다. 그러므로 여기 계신 분 중 절반 이상은 거짓말을 하고 있을 가능성도 있습니다." 나는 청중을 곤혹스럽게 하거나 불편하게 만들고 싶어서 그런 질문을 던지는 게 아니다. 참여한 부모님들과 함께 사회적 동조social conformity(타인의 행동이나 의견을 자발적으로 받아들이는 경향성—옮긴이) 현상에 관해 토론해보려고 화두를 던지는 것이다.

동조란 집단과 어울리기 위해 개인의 신념이나 행동을 바꾸도록 만드는 일종의 사회 영향social influence(개인이나 집단 간에 한 편이 다른 편의 행동, 태도, 감정을 변화시키는 것—옮긴이)이다. 가령 당신의 아들이 10세쯤 된 4학년이라고 가정해보자. 아이가 18세가 될 때까지는 M등급 게임을 할 수 없다고 누누이 말해왔고, 책임감 있는 부모이기에 이에 대해 확고했다. 그런데 크리스마스 때 아들의 친한 친구 녀석 하나가 〈콜 오브 듀티〉를 선물받았다. 곧이어 아들 친구 녀석들이 모조리 이 게임을 하게 된다. 자, 당신은 이 게임을 허락해주지 않는 유일한 부모다. 그동안 지켰던 규칙을 계속 고수하려니 아들에게 왠지 미안해지면서 어찌해야 하나 하고 마음이 오락가락한다. 그러다 마침내 스스로에게 이렇게 말한다. '그러니까 다른 모든 아이들이 그 게임을 하고 있고, 남자아이들이 벌써 12세가 됐어. 예전처럼 그리 어린 애들은 아니지. 딴 애들 부모들이 괜찮다면 게임 좀 해도 그리 큰일은 아닐 것 같아. 더구나 아이는 친구들하고 어울리며 커야 해. 소외감을 느끼면 안 되지. 우리 아들 혼자만 이 게임을 못 하면 안 되겠네. 어쨌든 우리 아들은 학교생활도 잘하고 있고 책임감도 강하니까 게임 좀 허락하는 게 큰일은 아닐 거야.' 이렇게 해서 당신은 아들의 생일 선물로 〈콜 오브 듀티〉를 사 준다.

이것이 바로 또래 압력 또는 사회적 동조의 전형적 예이다. 그렇다. 이 현상은 어른들에게서도 일어난다. 어른의 또래 압박, 어른의 사회적 동조가 지닌 문제는 아이가 부모를 그대로 보고 배우게 된다는 것이다. 아이들은 우리의 행동을 본뜬다. 부모가 포기하면 아이도 포기를 배운다. 그리고 우리가 그저 모든 사람과 잘 지내고 남을 따라 하도록 가르치면, 강한 지도자가 되는 대신 착한 추종자가 되는 법을 무의식적으로 가르치는 것이다.

우리는 아이가 주변 사람들과 못 어울리면 어쩌나 하고 걱정한다. 그런데 대개 그건 두려움일 뿐이지 사실이 아니다. 우리는 아이가 존재감을 느끼도록 활동이란 활동은 모두 참가시키고자 한다. 지구 끝까지라도 쫓아갈 준비가 되어 있다. 나는 우리 지역 사람들이 어떤 스포츠를 하거나, 어떤 옷을 입고 지나가거나, 어떤 휴대폰을 가지고 있는 모습을 보면 언제나 이 사실을 확인할 수 있다. 남들 모두가 무언가를 하는 것을 보면 마음이 그걸 따라야 한다고 속삭인다. 올바른 일을 스스로 결정하는 대신 집단이 우리를 대신해 결정하도록 허락하는 모습을 부지불식간에 아이들에게 보여준다. 그래서 오늘날 그렇게도 많은 대중이 너도나도 스마트폰을 보유하게 된 것이다.

아이에게 연락할 필요가 있을 때 휴대폰이 생활을 편리하게 해주는 면은 있다. 하지만 그런 점 말고는 휴대폰으로 우리가 겪는 위험들이 너무 크다. 내가 해드릴 수 있는 가장 좋은 조언은 부모가 자신의 직감을 따르면서 시류를 판단하라는 것이다. 부모가 자신의 직감에 따라 "아쉽지만 친구에게 스마트폰이 있다고 네게도 스마트폰이 있어야 하는 건 아니란다"라고 아이에게 말하고 싶다면 그렇게 하자. 그러면 단호한 훈육 효과를 낼 수 있다.

내가 부모들에게 전하고 싶은 중요한 메시지는 다음과 같다. 아이를 추종자가 아닌 지도자가 되도록 가르치라. 그저 친구들과 어울리게 하려고 아이가 아직 미숙해서 다루기도 힘든 무언가를 허용한다면, 우리는 그저 아이에게 무리를 따르라고 가르치는 것이다. 부모는 아이를 위해 올바른 결정을 내릴 수 있어야 한다. 그 결정권을 외부의 영향에 맡기면 안 된다. 상담이나 강연 중에 이를 주제로 이야기하다 보면 이따금 방어적으로 나오는 부모들이 있다. 어른도 자신이 또래 압력 때문에 어떤 일을 했다는 사실을 인정하려 하지 않다 보니 그런 것이다.

내 강연에 참석하는 부모들은 디지털 시대의 소통 도구인 스마트폰이 없으면 아이들이 문자메시지와 소셜미디어를 할 수 없고 친구가 없어질 거라는 반응을 공통으로 보인다. 나는 그들의 고민이 타당하고 나 역시 이따금 이 문제를 고민한다는 사실을 인정한다. 하지만 우리 아들이 열세 살이니까 나는 말할 수 있다. 이는 터무니없는 걱정이다. 우리 아들은 문자메시지도 소셜미디어도 전혀 하지 않는다. 하지만 친구들과 골목을 뛰어다니고 생일파티에 놀러 간다. 우리 아들은 그저 사내아이의 생활을 즐기고 있다. 아이가 놓치는 것이라곤 기껏해야 가십, 부적절한 게시물, 나약해진 자아 감각 같은 것들이다. 이런 것들은 우리 아이가 놓치기를 바란다. 그런 것들을 모르고 성장한다면 축복이다! 최근에 나는 친구와 이 문제에 관해 얘기한 적이 있다. 스마트폰을 사 주면 우리 아이 역시 피상적인 것에 정신이 팔릴 것이고, 그러면 학교 공부나 운동을 소홀히 할 것이고, 결국 이글스카우트가 되겠다는 꿈도 시들해질 것이라고 말이다. 그건 밑지는 장사다.

그렇다면 아이에게 스마트폰을 사 줄 적당한 나이는 언제일까? 언젠가 들었던 가장 현명한 대답이 있다. '아이가 음란물을 봐도 괜찮다고 생각되는 나이'다. 이보다 더 좋은 대답은 없을 것 같다. 아이가 소셜미디어 사이트에 나타나는 도발적인 사진을 클릭하지 않는다고 해도 수상한 것들은 화면에 계속 등장할 것이다. 그런 사진을 클릭하기라도 하면 아이는 부모가 바라건대 절대로 들어가면 안 되는 사이트로 바로 접속된다. 그런 희생을 감수하겠는가? 아이가 가지고 있는 노트북이나 태블릿을 통해서도 부적절한 콘텐츠에 접근할 수 있지만, 이런 기기들은 어느 정도 통제할 수 있다. 하지만 스마트폰은 아이가 주머니에 넣고 어디든 가지고 다니므로 통제가 어렵다.

중견 금융 서비스 회사 디버시파이드 펀딩 Diversified Funding의 창립자이자 대표인 마크 리틀 Mark Little은 다음과 같은 최고의 말을 했다. "리더는 모범을 보여 사람들을 이끄는 사람이다. 인기에 연연하지 않고 올바른 일을 하는 진실성 integrity 을 지닌 사람이다. 훌륭한 리더는 다른 이들에게 긍정적 영향을 미치고 그들을 감화시켜서 그들 역시 훌륭한 사람이 되어 삶의 모범을 보이도록 이끈다." 아이들에게 이 문구를 외워서 마음에 새기도록 해야 한다. 올바른 일을 하고 규칙을 따르도록 지도받고 자란 아이는 자기 본래의 내적 인격과 진실성에 인도되어 행동한다.

이런 아이의 사전에는 인기 얻기 따위는 없다. 자존감과 인격을 갖춘 아이는 또래 친구들이 다들 가진 휴대폰이 왜 너만 없느냐고 놀려도 등에서 식은땀을 흘리지 않는다. 리더는 체면 따위에 연연하지 않는다. 자신 말고 다른 누구에게 스스로를 증명해 보일 필요가 없다. 그런데 아이 안에 이러한 인격과 리더십이 갖추어지도록 기를 사람은 부모밖에 없다.

부모부터 그저 대중을 따르지 않고, 아들과 딸에게도 그러지 말도록 지도하기 위해 지금 당장 시작할 수 있는 일들을 살펴보자.

- 남들이 다 한다는 이유로 그저 남들이 하는 일을 따라 하지 말라.
- 언제나 자신의 직감에 귀를 기울이자. 직감이 아들과 딸이 특정 웹사이트에 가거나 특정 게임을 하는 것을 허용하지 않는다면 그 직감을 따르자.
- 존재감이 없는 아이가 될까 봐 걱정돼 그저 모든 이와 잘 어울리게 하려고 애

쓰고 있다면, 아이를 평범하게 키우는 것이다. 아이가 남다르게 성장하도록

개성을 가르치자.

- 아이가 특정 이유를 들어 자꾸 떼를 써도 단호하게 대하자. 굴복하지 말자.

9장

디지털 탯줄을
자르자

2012년 10월의 일이다. 내가 사는 인근 지역에서 아동 납치 미수 사건이 연이어 일어났다. 하루가 멀게 모든 지역 신문에 납치 미수 사건이 보도되었고, 지역 텔레비전 방송국의 핫토픽이 되었다. 페이스북 피드마다 이 끔찍한 뉴스로 도배되었다. 교회, 공장, 학교 할 것 없이 사람들은 모두 이 납치 사건을 이야기했다. 모두가 마음을 졸였다. 3주 동안 열아홉 차례나 납치 시도가 있었다고 알려졌고, 나는 신문기자로부터 전화 한 통을 받았다. 이 끔찍한 상황에 대해 전문적인 의견과 조언을 말해달라는 것이었다. 나는 유괴범은 없을 것이라고 대답했다. 기자는 내 대답에 어안이 벙벙해졌다. "기자님은 '납치범'이라고 주장하는 그 사람이 아이를 유괴하려고 시도했고 총 19회나 미수에 그쳤다고 말씀하시려는 거지요?"라고 운을 띄운 다음 내가 짐작하고 있는 총체적인 정황을 다음처럼 얘기했다.

••••>

기자님, 제가 생각하기에 실제로 일어났다고들 하는 그 첫 번째 '유괴 시도'는 아마 유괴와는 전혀 거리가 먼 사건이었을 겁니다. 두세 명의 고등학생들이 운전하고 가다가 하교하는 초등학생들을 보았어요. 그들은 철딱서니 없는 십 대들이 하는 장난을 치기로 마음먹었어요. 녀석들 머릿속에서 나온 장난은 이런 거죠. 우선 차를 어린아이 쪽으로 가까이 대고 이렇게 말합니다. "꼬마야, 사탕 줄까." 왠지 재미있겠다 싶었겠죠. 그러자 영특한 그 꼬마는 부리나케 집으로 달려가서 무슨 일이 일어났는지 엄마에게 말했겠죠. 요즘에는 세상의 모든 꼬마 공주와 꼬마 왕자가 그렇게 하도록 교육받거든요. 분명히 여자아이의 엄마는 경찰에 신고부터 했을 거예요. 그다음에 한 일은? 무슨 생각이 떠오르세요? 맞아요. 당장 페이스북 페친들에게 위험한 사건이 생겼다고 알렸어요. 이 난리법석이 어떻게 시작되었는지 아시겠나요?

몇 분 안에 페이스북을 통해 엄마들이 적색 경보를 울렸죠. 그리고 이 메시지를 받은 사람들이 퍼 날랐어요. 소식은 산불처럼 금세 퍼졌죠. 이제 우리 지역 사회에는 호시탐탐 아이들을 노리고 있는 납치범이 한 명 생긴 것입니다. 엄마와 아빠 들이 패닉 상태에 빠졌고 부모들의 공포는 아이들에게 빠르게 투사됐어요. 이 지역의 아이들이 불안에 떨기 시작했어요. 학교에 가서는 이 얘기로 하루를 보냅니다. 자, 이쯤 되면 학교의 관리자와 교사들의 귀에도 소식이 들어가겠죠. 학교는 이제 대처 방안을 내놓아야 해요. 그래서 다음 날 비상 조회를 열고 학생들에게 말합니다. 낯선 사람과는 절대로 대화하지 말고 조심해야 한다고 신신당부합니다. 아이들은 더욱 불안에 떨게 되겠죠.

그런 일이 벌어지고 며칠 뒤, 한 아이가 방과 후에 사탕을 사 먹으러 동네 사탕가게에 갔다가 어떤 '이상하게 생긴 사람'이 주차장에 차를 세우고 있는 것을 봅니다. 남자는 길을 잃은 상태라 아이에게 뭐라고 손짓하며 묻습니다. 하지만 아이는 길을 묻는 말로 받아들이지 않고 공포에 빠집니다. 당장 집으로 달려가 엄마에게 말하죠. '그 유괴범'이 자신을 납치하려 했다고요. 이게 두 번째 납치 미수 사건이죠. 페이스북 뉴스피드는 더욱 후끈 달아오르고 지역 언론은 군침을 흘리며 달려듭니다. 이와 유사한 일들이 몇 주간에 걸쳐 일어나고, 그러다 보니 어느새 19번째 '납치 미수 사건'에 이르게 됩니다. 아이들과 어른들이 더 겁을 집어먹게 된 것입니다. 이제 전체 상황이 보이십니까?

나는 기자와 전화를 끊고 나서 그가 내 의견을 기사화하지 않으리라 확신했다. 그래도 괜찮았다. 그런데 다음 날 우리 뉴저지주는 역사상 가장 큰 허리케인인 샌디의 습격을 받았다. 이 사건 이후 우리 지역 사회 뉴스가 어떻게 흘러갔는지를 관찰해보면 나의 해석이 옳았음을 알 수 있었다. 사람들 수천 명이 집을 잃었다. 며칠, 몇 주 동안 수백만 명이 정전을 겪었다. 주 전체가 아수라장이 되었고, 뉴스 방송국은 밤낮없이 허리케인 소식을 전하느라 정신이 없었다. 허리케인 샌디 소식이 텔레비전 스크린, 컴퓨터 스크린, 소셜미디어, 신문을 도배했다. 그러자 '그 납치법'은 미스터리하게도 어디론가 사라졌다. 그에 관한 단 한 건의 이야기도 언급되지 않았다. 아마도 납치범은 허리케인 샌디의 강풍에 휩쓸려 날아간 것 같다.

현대인들은 불안 속에 살고 있으며 그 불안은 우리 아이들에게 투사되고 있다. 지금 우리가 사는 시대는 예전과는 다르다. 전자기기와 소셜미디어가 놀랍도록 널리 퍼져 있어서 세계 반대편의 속보도 몇 초 안에 컴퓨터나 스마트폰 화면 위로 날아든다. 10년이나 20년 전만 해도 이런 일은 불가능했다. 미시시피 시골 마을에서 납치 사건이 벌어진다고 해도 우리는 전혀 몰랐다. 그런 이야기가 암시에 걸리기 쉬운 우리 뇌에 되풀이되며 전달되지 않았고, 공포에 대한 선천적인 반응을 유발하지도 않았다.

'지나친 정보'로 우리 사회는 너무나 달라졌다. 피구나 도둑잡기 같은 놀이가 학교에서 금지되고 있다. 자기 아이가 피구를 잘 못해서 다리를 삐거나 '정서적' 상처를 받는다고 학교를 상대로 소송하는 부모들이 있기 때문이다. 이런 이야기가 소셜미디어에 퍼지고 TV 뉴스에 뜨고 나면 갑자기 도둑잡기도 안녕이고 피구도 안녕이고 아이다운 생활도 안녕이다. 나는 여러 TV 프로그램에 출연하여 이 주제에 관해 주장을 폈다. 그중에는 폭스뉴스Fox News의 〈아이들을 나약하게 만드는 학교The Wussification of Schools〉라는 프로그램도 있다. 내 유튜브 채널을 보거나 http://bit.ly/2fdAJ4F로 접속하면 볼 수 있다. 프로그램에서 나는 우리 아이들이 얼마나 과잉보호 속에서 자라는지에 대한 충격적인 세 가지 예를 소개했다.

1. 한 대학 신입생 부모가 자기 아들이 고등학교 졸업반 시절에 농구 경기 시간을 충분히 확보하지 못했다는 이유로 농구 코치와 학교를 상대로 소송했다. 부모는 그것 때문에 자기 아들이 대학교에서 장학금을 받을 기회를 놓쳤다고 주장했다.

2. 어떤 지역에서는 한 여학생이 발목을 삐자 학교가 쉬는 시간에 '감독자가 없는 곳에서 옆으로 재주넘기하는 행위cartwheel'를 금지했다.

3. 뉴잉글랜드주의 대학교에서는 스포츠 행사 때 '야유하는 행위'를 금지했다.

우리가 이런 소식들을 듣는 것은 디지털 미디어의 놀라운 파급력 때문이다. 이로 인해 사람들과 학교의 관리자들은 비슷비슷한 특별 규정들을 설정하게 된다. 아이들에게 해롭지도 않은 도둑잡기놀이를 전국의 무수한 학교들이 금지한 사례를 보라. 이런 사태는 금세 전염병처럼 퍼지는 신문기사 하나에서 촉발된다.

나는 최근의 강연에서 우리 아들과 딸이 휴대폰이 없어도 아무 탈 없이 잘 지낸다는 이야기를 청중에게 들려주었다. 나는 내 아이들의 뇌가 드라마, 터무니없는 기사, 정신을 오염시키는 콘텐츠의 포화를 받는 것을 원치 않는다고 말했다. 그리고 아이들이 그저 아이답게 지내길 원한다고 했다. 그러자 내 얘기에 놀란 한 부모가 묻기를, 우리 아이들이 어디서 무얼 하고 있는지 확인하지 않고 어떻게 지낼 수 있느냐고 했다. 이런 질문도 했다. "응급사태가 벌어지면 어떡하나요?" 우리는 기기에 너무 의존한 나머지 기기를 탯줄 삼아 항상 품 안에 아이를 품고 있다. 이는 아이의 건강에 도움이 되지 않는다. 이렇게 하면 어떻게 부모에게서 온전히 떨어져 날개를 펴고 어른으로 자랄 수 있겠는가? 세상은 위험한 곳이다가 아이에게 전하는 세상살이에 관한 핵심 메시지라면 어떻겠는가?

물론 내 강연에 참석한 부모 중에는 다른 식으로 문제를 해결하고

자 하는 분들도 있었다. 수업 중에도 휴대폰을 하느라 온종일 산만한 학생들의 이야기를 전하면 "그렇다면 학교에서는 왜 휴대폰 사용을 금지하지 않는가요?"라고 묻는 것이다. 안타깝게도 그런 기기 사용의 금지는 말하기는 쉬워도 행하기는 어렵다.

학생의 학교 내 휴대폰 소지는 학교가 바로 결정하고 통제하는 일들과 같은 선상에 놓고 볼 수 없는 문제다. 교장이 가정통신문을 부모들에게 보내 학생의 휴대폰 소지를 학교에서 금지한다고 하면, 부모들이 들고일어난다. 긴급상황에서 바로 아이와 연락할 수 없다는 사실 때문에 학교를 상대로 소송을 낼 가능성이 있다. 여러 측면에서 판단해보면, 대량 총격 살상 사건인 콜럼바인 사건(1999년에 콜로라도주 콜럼바인 고교에서 13명의 목숨을 앗아간 총기 난사 사건—옮긴이)과 코네티컷 뉴타운 사건(2013년 코네티컷주 뉴타운 샌디 훅 초등학교에서 어린이 20명을 포함해 총 26명이 사망한 총기 난사 사건—옮긴이) 때문에 부모들의 이런 반응은 족히 이해가 된다. 하지만 요즘의 상황은 그런 일들을 감안한다 해도 그 정도가 심각해 보인다. 상담실에서 학생들과 상담하면서 관찰해보면, 학생들은 나와 대화하는 내내 엄마나 아빠로부터 문자를 받는다. 아이가 상담실에 있다는 사실을 모르는 부모가 문자를 계속 보내는 것이다. 심지어 아이가 수학이나 영어 수업 중이라는 사실을 알고 있으면서도 그 시간에 문자를 보내는 부모들이 있다. 휴대폰이 너무 편리하다 보니 벌어지는 일들이다. 우리는 언제라도 문득 생각나면 아이나 누군가에게 바로 연락하는 일에 익숙해졌다. 미국은 바로바로 만족하는 나라가 되었다. 하지만 많은 면에서 이는 바람직하지 않다.

아이커넥티드 부모

2011년에 미들베리대학 Middlebury College의 바버라 호퍼 Barbara Hofer 교수가 《아이커넥티드 부모 The iConnected Parent》라는 책을 냈다. 과도하게 연결된 부모와 대학생 자녀 간의 충격적인 진실을 드러내는 책이었다. 호퍼 교수의 말에 따르면, 얼마 전까지만 해도 대학생들은 자기가 알아서 대학 생활을 관리하고 인생의 교훈을 배워나갔고 그런 과정을 통해 성장했다. 그런데 지금의 대학생들은 모든 일에 대해 부모로부터 해답을 구하고 있다. 그러다 보니 세탁기 켜기 같은 기본적인 생활의 문제도 처리하지 못하는 학생이 많다. 어떤 부모들은 과잉보호가 심한 나머지 직접 교수들을 만나 생각을 거리낌 없이 밝히며 학생 대신 일을 처리하기도 한다. 호퍼는 이런 이들에게 '아이커넥티드 부모'라는 명칭을 붙였다. 호퍼는 이들에게 "(아이들을) 그냥 내버려 두세요 Just let go"라고 조언한다.[41] 단축번호와 문자메시지로 바삐 돌아가는 현대에 전자기기는 부모와 아이 사이를 연결하는 한순간도 끊어지지 않는 탯줄이 되었다. 심지어 다 자라 대학생이 된 아이인데도 그렇다.

〈애틀랜틱〉 2015년 9월호에서 그레그 루키아노프Greg Lukianoff와 조나단 하이트Jonathan Haidt는 미국의 대학들에서 일어나고 있는 현상들을 잘 말해주고 있다. 두 저자의 말에 따르면 "요즘 캠퍼스들 안에서는 불편함이나 모욕감을 유발하는 말, 생각, 주제를 몰아내는 운동이 학생들에 의해 주도되고 있다." 미국의 대학교수들은 자신의 수업 내용이 일부 학생에게서 강한 감정적 반응을 유발할 수 있으니 조심스럽게 수업해야 한다는 사실을 알고 있다. 이런 대학 내 운동은 대학생들의 심각한 정신적 나약함을 가정하고 학생들의 정신적 복지를 위해 그들을 정신적 유해 요인으로부터 보호한다는 기치를 내걸고 있다. 이는 요즘 세대의 대학생들이 전 세대보다 정신의 건강 문제를 훨씬 많이 겪고 있다는 반증이다.

2013년 설문조사에서, 각 대학에서 정신건강을 담당한 학장들이 심각한 정신적 문제를 겪는 대학생 수가 전반적으로 증가했다고 보고했다.[42] 루키아노프와 하이트의 말에 따르면, 이런 대학 내 운동이 지향하는 궁극의 목표는 사람을 불편하게 하는 말과 생각으로부터 청년이 보호받는 '안전한 공간'으로 캠퍼스를 바꾸자는 것이다. 그래서 이 운동은 그런 목표에—우발적으로라도—저해가 되는 모든 사람을 처벌하고자 한다. 두 저자는 이런 학내 욕구를 '보복적 보호'라고 불렀다. 이런 운동은 말하기 전에는 누구나 두 번씩 생각하게 만드는 문화를 조성한다. 무분별한 말, 공격적 표현을 했다는 나쁜 혐의를 뒤집어쓰지 않기 위해서다. 저자들은 다음과 같은 말로 지금의 대학들이 처한 실상을 보여주었다. "오늘날의 대학생들은 정서적 위기를 많이 호소한다. 많은 학생들이 정신적으로 취약한 상태다. 그로 인해 교수들과 대학 운영자들이 학생과 교류하는 방식에 분명히 변화가 생기고 있다. 의문점은 이런 변화가 이로움보다는 해로움을 주지 않을까 하는 것이다."[43]

결론적으로 말해, 현대인들은 자신이 소유한 기기가 자기 존재의 일부분이 되면서 자기 존재를 제대로 못 보고 있는지 모른다. 우리는 모든 형태의 디지털 미디어에서 끝없이 쏟아지는 정보와 커뮤니케이션을 갈구하도록 학습된 상태다. 우리는 무언가에 대한 답변을 원하면, 바로 폰을 켠다. 아이에게 연락해야 하거나 무언가를 얘기해줘야 할 때도, 바로 폰을 켠다. 우리의 손안이 종착지인 소셜미디어와 뉴스 콘텐츠는 쉴 새 없이 우리 머릿속을 헤집고 들어와 뇌 안에 두려움, 걱정, 불안을 심는다. 따라서 우리 자신과 아이의 뇌를 보호할 유일한 방법은 우리가 끊임없이 디지털로 소통하고 있다는 사실을 자각하는 것이다. 그럼으로써 바로바로 만족하고자 하는 욕구를 지연시키겠다고 스스로 약속하는 것이다. 인내심은 기르되 충동심은 자제하는 법을 배워야 한다.

10장

디지털 세대를 위한
마음챙김과 명상

지금까지 우리는 디지털 기기와 문화가 아이들에게 미치는 영향을 살펴보았다. 이제 이 문제를 해결하기 위한 전략을 세울 시간이다. 모든 부모가 따라야 하는 다섯 가지 규칙부터 알려주고자 한다.

1. **아이의 방에서 스크린을 없애라.** 아이의 방에는 어떤 유형의 전자기기도 있으면 안 된다. 이상이다. 텔레비전, 컴퓨터, 휴대기기 모두 다 해당한다. 아이가 자기 방에서 숙제를 해야 하고 그러려면 컴퓨터가 필요하다고 하면, 거실에 나와서 하게 하라. 아무리 마음이 아파도 부모에게 결정의 권한이 있음을 명심하라. 모든 스크린을 아이의 방 '밖으로' 치워라.

2. **아이의 폰은 부모의 폰이다.** 아이의 폰은 부모의 것이지 아이의 것이 아니다.

이 사실을 명확히 하라. 따라서 매일 저녁 특정 시간이 되면 폰을 부모에게 반납하는 규칙을 정하라. 아이는 절대 폰을 곁에 둔 채 잠을 자면 안 된다. 폰의 허용은 재앙을 처방하는 것이나 다름없다. 아이는 문자메시지와 소셜미디어를 통해 소통하려는 유혹을 뿌리칠 수 없고, 수면장애를 비롯한 여러 문제를 겪게 될 것이다.

3. **저녁식사 중에는 전자기기를 금지하라.** 저녁식사 시간은 가족의 시간이라는 규칙을 정하라. 이 중요한 시간에는 부모를 포함해 누구도 폰이나 텔레비전을 보면 안 된다. 저녁식사 시간을 신성하게 만들라.

4. **오락 목적의 스크린 사용을 하루 내 2시간으로 제한하라(TV 포함).** 나도 안다. 이 말이 불가능하게 들린다는 사실을. 하지만 이는 미국 소아과학회가 8세 이하 아이들을 대상으로 권장하는 사항이다. 이 나이가 넘으면 아이들은 슬슬 규칙을 어기기 시작할 것이다. 하지만 나는 여전히 이 오래된 규칙에 찬성한다.

5. **아이의 역할 모델이 되라.** 아이와 함께 있을 때는 부모부터 전자기기를 즐기는 시간을 줄여라. 저녁식사 시간이나 아이와 함께 있는 시간에는 부모부터 전자기기를 꺼라. 아이는 부모가 다른 데 정신이 뺏기지 않고 자신과 함께 있어주기를 바란다.

내가 알려주는 이 방법들을 고수하면 가정 내 디지털 통제에 대해 자신만의 방법을 터득할 것이다. 이제 다음으로, 부모와 아이 모두 디지털에 통제받는 대신 디지털을 스스로 통제하는 데 유용한 더 깊이 있는 전략을 소개하고자 한다.

#미지의 '진짜' 세계로

디지털 기기와 문화가 가족에게 야기하는 문제를 해결하기 위한 교과서적인 답은 없다. 변수가 없는 완벽한 세상 속이라면 그저 '컴퓨터, 스마트폰, 비디오게임을 그냥 제거하세요'라고 하면 될 것이다. 하지만 이런 답은 당연히 비현실적이다. 기술은 이미 세상에 들어와 존재하고 있으므로 없앨 수 없다. 하지만 아이들이 훌륭한 성인으로 성장하는 데 도움이 될 충분한 전략들이 있다. 그 출발선은 아이들에게 새로운 방식으로 사고하고 인식하는 법을 알려주는 것이다. 자, 귀를 기울여주길 바란다.

디지털 중독은 마약 중독처럼 아이들의 정체성을 파괴한다. 아이들이 자신들의 진짜 모습을 보지 못하고 자아 감각을 잃게 된다. 아이들은 자신들이 생각을 통제하는 게 아니라 생각이 자신들을 통제하도록 방관할 것이다. 아이들은 대개 디지털 기기의 최면에 걸려 자기 내면과의 관계를 발전시키지 못한다. 그래서 내면의 깊숙한 곳에 존재하는 자아를 만난 적이 없다. 하지만 이제 부모들이 나서서 아이들을 변화시켜야 한다. 아이가 자신이 아직 모르는 어떤 존재—자기 자아—를 만날 수 있게 이끌어야 한다. 이를 위한 유일한 방법은 마인드콘트롤이다. 마음챙김이라는 특별한 훈련부터 설명하도록 하겠다.

우리의 마음은 가정에서, 직장에서, 학교에서 그리고 친구와 함께 지내면서 겪는 일들로부터 받는 수백만 가지 인상의 결과물이다. 우리 삶의 모든 경험은—소셜미디어와 텔레비전에서 본 것들을 포함하여 보고 들은 모든 것들은—거의 혹은 전혀 여과 없이 무의식으로 수용된다. 의식 세계에서 정보를 받아 무의식에 전달하는 것이다. 이 정보는 정신적, 감정적, 신체적으로 우리 몸에 내재화된다. 우리의 생각이 모여 우리를 만든다. 우리의 현재 모습은 우리가 했던 과거의 생각과 경험이 모인 결과물이다. 그리고 내일의 모습은 현재 생각하는 것들의 결과물이다. 따라서 부모의 임무는 아이의 마음이 피상적인 사이버 자극이 아닌 건강하고 진정한 자극을 많이 받도록 해주는 것이다.

이렇게 한번 생각해보자. 텃밭에서 농사를 짓고 싶다면 작물을 제대로 키워내기 위한 온갖 노력을 기울일 것이다. 먼저 최고의 흙, 최고의 씨앗, 최고의 스프링클러를 산 다음 가장 싱싱한 작물을 길러내겠다는 마음으로 온 정성을 기울일 것이다. 그런데 우리는 아이들 마음의 텃밭은 별로 돌보지 않고 있다. 아이들 마음의 텃밭이야말로 그무엇보다 신경 쓸 곳인데 말이다. 아이의 삶이 무슨 작물을 피워내느냐는 아이의 마음에 어떤 씨앗이 뿌려지고 그 씨앗이 어떻게 자라는지에 달려 있다. 다음의 진실을 직시하자. 소셜미디어와 디지털의 씨앗들은 가십, 두려움, 남의 삶을 따라가고 싶은 욕망으로 이루어진다. 그렇다면 우리 아이의 마음은 벌레가 먹어 비실비실한 작물로만가득할 것이다. 대신 용기, 희망, 낙관적인 마음의 씨앗들이 뿌려져정성껏 길러진다면, 거기서 자라는 생각들은 다른 곳에서 들어오는해로운 생각들을 물리칠 것이다. 그러면 아이 마음의 텃밭은 싱싱한작물들로 풍성해질 것이다.

오늘날의 아이들은 자신의 내면을 들여다보고 해답을 찾는 법을배우지 않았다. 그래서 다른 곳들에서 해답을 찾는다. 더구나 디지털기기를 통해 자기도 모르게 부정적인 것에 너무 많이 노출되고 박탈감, 두려움, 걱정의 심리 상태에 빠지고 있다. 디지털로 연결되는 세상에서만 사느라 자신의 내면적 자아와 단절된 채 바깥 세계를 모르고 지낸다. 우리 어른들의 임무는 감수성이 예민한 아이들의 마음을보호하는 것이다. 그리고 아이에게 자기 내면을 들여다보는 방법을지도하는 것이다. 아이가 자신의 재능, 욕구, 꿈에 집중하고 자신감을 키우도록 해야 한다. 이를 위한 방법을 설명하도록 하겠다.

＃ 마음챙김으로 걷기

내 상담실로 가지고 오는 문제의 종류와 상관없이 상담자들이 가진 공통의 문제가 있다. 자신이 생각을 통제하는 것이 아니라, 생각이 자신을 통제하도록 놔두고 있다는 것이다. 그래서 나는 상담자가 자기 생각을 통제함으로써 삶을 통제할 수 있게 해줄 효과적인 방법을 고안해 소개하고 있다. 내가 '마음챙김으로 걷기'라고 부르는 이 기법은 어른과 아이 모두 배울 수 있다. 그 원리는 다음과 같다.

내 상담실은 주차장과 마주한 건물의 2층에 있다. 첫 내방 시간에 나는 상담자에게 차를 주차한 곳을 기억하느냐고 묻는다. 그러고는 내 상담실 창에서 그 지점을 가리키게 한다. 그런 다음 상담실에서 차까지 걸어가는 데 걸릴 시간을 물어본다. 사람마다 돌아오는 대답이 항상 약간씩 다르다. '1분요'라고 하는 이도 있고, '40초요'라고 하는 이도 있다. '2분요'라고 하는 이도 있다. 그러면 나는 이렇게 묻는다. "다음 주에 상담받으러 오실 때 정확히 같은 곳에 주차한다고 생각해보세요. 그러면 그 주에는 상담을 마치고 차까지 걸어가는 데 얼마나 걸릴 것 같나요?" 그 답도 항상 첫 번째 반응과 같다. 어떤 사람은 30초라고 하고, 어떤 사람은 32초라고 한다. 나는 그러면 이렇게 묻는다. "왜 그렇죠? 차까지 걸어가는 데 더 오래 걸리거나 더 빨리 갈 수도 있지 않을까요?" 그러면 대답은 대개 이런 식으로 돌아온다. "잘 모르겠어요. 근데 제 보폭은 늘 같거든요." 혹은 "저는 좀 빨리 걷거든요."

내가 이 일을 예시로 든 목적은 온종일 우리는 거의 모든 일을 습관적, 자동적으로 한다는 사실을 말하기 위해서다. 몇 가지 활동을 예로 들어보자. 우리는 같은 방식으로 샤워한다. 같은 방식으로 식사하고, 같은 방식으로 운전한다. 평소에 오른손으로 식사를 했다면 갑자기 왼손으로 먹게 되지 않는다. 음식을 빨리 씹는 사람이라면 갑자기 느리게 씹을 수가 없다. 말하자면 우리가 온종일 하는 이런저런 일들은 대부분 무의식적으로 행해진다. 무슨 일을 하고 있는지 '생각'할 필요가 없다. 특히 걷기처럼 단순한 일은, 자기 자동차로 가는 길이든 옆집으로 가는 길이든 거의 무의식적으로 행해진다. 걷는 행동에 대해 생각할 필요가 없다. 뇌가 일단 무슨 행동을 하는 방법을 터득하고 나면 우리는 이후에 특별히 노력하지 않아도 된다. 자전거 타기와 같다. 어떤 행위가 저절로 일어난다.

샤워할 때 일정한 속도로 하면 샤워에 걸리는 시간은 틀림없이 몇 초 차이로 늘 비슷할 것이다. 우리의 마음은 슈퍼컴퓨터이다. 그래서 일단 새로운 학습이 프로그래밍되면 뇌는 자동 조종 장치로 전환된다. 그런데 이는 좋은 일로만 들리지 않는다. 어떤 면에서는 우리가 겪는 많은 문제의 원인이 되기 때문이다. 이유는 다음과 같다.

우리가 무의식에 따라 '의식 없이' 통제되는 상태로 매일매일을 보낼수록 의식의 통제력은 점점 저하된다. 그런 무의식적 순간에 내면의 대화가 아무렇게나 일어나기 때문이다. 자동차로 걸어가는 순간이든 운전하는 순간이든 상관없다. 우리가 수행하는 무의식 작업이 무엇이든 상관없이 자기와의 대화가 매 순간 일어난다. 마음은 항상 방황하는 상태다. 이를 공상이라고 한다. 종종 우리의 공상적 생각은, 특히 아이들의 경우에는 불안과 두려움으로 가득 차 있다. 아이들은 친구들이, 학교가, 남들이 자신을 어떻게 생각할지에 대해 늘 걱정한다. 하지만 자신이 그러고 있다는 사실은 깨닫지 못한다. 온종일 무의식의 세계에서 떠도는 이런 생각들은 부정적이라고 볼 수 있다. 전자기기와 소셜미디어에서 쏟아지는 정보와 이미지도 아이들의 무의식에 해로운 영향을 끼친다.

우리의 머릿속에는 하루 동안 약 6만 가지의 생각이 떠돈다고 한다. 그런데 대부분의 생각은 무의식 상태의 공상에서 나온다.[44] 걱정, 두려움, 자기 의심으로 뒤범벅돼 있다. 이런 생각들에 지배되면 자기 삶이 자기 의지대로 될 것이라는 자신감을 갖기가 어려워진다. 그런데 이러한 무의식의 공상 상태를 바꾸려면 의식적으로 '현재의' 마음으로부터 도움을 받아야 한다. 정신적으로 '현재에 집중할' 때 생각, 몸, 감정을 통제할 수 있다. 걸을 때 발이 바닥에 닿는 것을 느끼고, 숨을 들이마실 때 호흡을 느낀다는 것은, 우리가 현재에 존재하면서 자아를 인식하고 있다는 뜻이다. 우리가 우리를 방해하는 공상적 사고들을 통제하는 작업은 이 '현재'라는 곳에서 출발한다.

상담자들에게 주차해놓은 차에서 상담실까지 걸어오는 데 30초가 더 걸리게 하려면 어떻게 해야 하냐고 물어본다. 그러면 대답은 보통 '더 천천히 걷기'나 '느긋하게 걷기'이다. 맞는 답이다. 하지만 그렇게 느려진 첫 발걸음을 떼기 전에 먼저 하는 일이 있다. 바로 스스로 마음을 다잡고 더 천천히 걷겠다고 '생각'하는 일이다. 즉 의식적인 상태가 되는 것이다. 이런 상태의 의식적 현존이 우리의 모든 문제를 푸는 열쇠다. 이런 현재 순간의 각성, 즉 '의도적인' 생각이 우리에게서 무의식의 어두운 구름을 걷어내 준다. 그럼으로써 우리는 생각을 통제할 수 있게 되고, 그 결과로 감정도 통제할 수 있게 된다. '잠시 멈추어 생각'하거나 '장미꽃 향기를 맡는' 순간마다 우리는 창조적 상태에 빠진다. 우리는 상상 속에서 원하는 그림을 그릴 수 있다. 그런 순간에 자신이 감사하게 여기는 대상을 떠올릴 수 있다. 인생에서 성취하고 싶은 대상도 떠올릴 수 있다. 동기나 자신감도 느낄 수 있다. '지금 이 순간'을 사고하는 법을 연습할수록 무의식은 빨리 개선된다. 하루에 6만 가지나 왔다 갔다 하던 생각들이 달라져서 우리를 주인으로 모시기 시작할 것이다. 자신의 의식과 현재의 마음을 장악하면 무의식은 더욱 강해질 것이다.

부모와 아이들이 하루를 지내면서 가능한 한 여러 번 의식적으로 현재의 순간에 몰두한다고 상상해보자. 책상 앞에 있을 때, 주방에 있을 때, 차 안에 있을 때 현재에 있는 자신을 포착하여 순간을 확대해보라. 머릿속에는 멋진 가정과 가족, 승진, 살빼기 같은 생각들이 들어 있을 것이다. 부모와 아이들 모두 연습을 통해 자신의 생각을 통제할 수 있다. 그럼으로써 삶의 성과도 통제할 수 있다.

우리의 생각들은 굳어져서 실체가 된다. 마음이 성공, 풍요, 자신감의 생각들로 채워지면, 결국 그 생각들은 마음의 하드디스크인 무의식 안으로 들어온다. 우리 존재의 약 95%를 통제하는 것은 무의식이라는 사실을 명심해야 한다. 우리가 매일 하는 6만 가지의 생각들은 훈련을 통해 이롭게 작용할 것이다. 아이들과 함께 마음챙김 기법을 익히면, 마음과 몸과 감정에 대한 통제력을 회복시켜줄 더 강력한 방법으로 나아갈 수 있다.

디지털 세대를 위한 마음챙김

마음챙김 훈련이 아이들의 디지털 중독을 어떻게 해독해주는지 궁금할 것이다. 어린 시절을 잠깐 회고해보자. 비가 주룩주룩 내리는 어느 여름날에 우산도 없이 어쩔 줄 몰라 하며 집 밖을 서성이던 기억이 나는가? 그때의 무료했던 기분이 기억나는가? 뇌에 그런 무료한 기분을 주는 것은 근육에 역기 운동을 시키는 것과 같다. 그렇다. 마음에는 무료함이라는 정신의 비료가 절실히 필요하다.

안타깝게도 디지털 시대의 아이들은 이런 상태를 경험하지 못하고 있다. 아이에게 아무 말도 없이 완전한 침묵 속에서 자기 생각에 몰두해본 적이 있는지 물어보라. 거의 없을 것이다. 지금의 아이들은 대부분 무료함이 뭔지 모른다. 손에 들고 있는 디지털 기기에 사로잡혀 무료함을 박탈당하기 때문이다. 그런데 아이들이 정말 박탈당하는 건 자신의 생각이다. 생각이야말로 생존과 성공에 가장 필요한 요소인데 말이다.

앞에서 나는 마음을 다시 프로그래밍하는 신속한 방법이 있다고 얘기했다. 그것은 명상이다. 명상이라고 하면 좀 진부하게 들릴지 모르겠다. 하지만 새로운 각도에서 보면 이는 디지털 주의산만에서 벗어날 최고의 방법, 자기 생각에 집중할 최고의 방법이다. 하루 5~10분이면 충분하다. 부모 먼저 시작한 다음 아이에게 소개하도록 하자. 초보자를 위한 속성 연습 방법을 다음에 소개해놓았다. 내 웹사이트 (http://tomkersting.com)에서 오디오 훈련 파일을 다운로드할 수 있다.

•••▶

전자기기 같은 산만한 요소가 전혀 없는 조용한 장소에 매일 앉자. 마음속에 꽃 같은―단순한―이미지를 떠올리면서 시작하자. 원하는 색으로 꽃을 색칠하라. 자신이 원하는 방식으로 꽃의 모양을 만들라. 일주일 동안 이 작업을 하고, 이제 자신에게 적합한 다른 대상인 즉 자기 목표의 이미지로 넘어가자. 아이의 경우, 학교생활의 성공이나 강한 의지력이 될 수 있다. 명상 시간에는 반드시 호흡을 깊게 들이마시고 내쉬면서 자신이 만든 이미지에 계속 집중하자. 아이에게도 똑같이 하도록 지도하라. 불안증이 있다면 특히 도움이 된다. 아이가 평온과 자신감의 이미지에 집중하도록 이끌자. 많이 훈련할수록 이 과정은 무의식에 빨리 뿌리내린다. 그러면 언제나 저절로 느끼는 마음 상태가 될 것이다.

이 간단한 기법을 훈련하다 보면, 부모와 아이에게 필요한 이미지 외에 덤으로 얻는 중요한 것이 있다. 바로 자연스럽게 발달하는 창의력이다. 나는 인간의 내부 세계를 빙산의 몸체로, 외부 세계를 빙산의 꼭대기로 본다. 명상하면서 정신의 휴식시간을 규칙적으로 가지다 보면 아이들은 깨닫게 될 것이다. 현실과 개인적 풍요는 내부 세계에 존재하는 것이지, 디지털이 만드는 외부 세계에 존재하지 않는다는 사실을 말이다. 이 훈련을 통해 부모와 아이 모두 정신은 현명해지고, 감정은 강해지고, 기분은 느긋해지는 상태를 경험할 것이다.

집중력 훈련

집중력은 우리 내면의 자아에 접속하는 과정에서 중요한 역할을 한다. 오늘날의 아이들은 집중력을 배우기가 어려울 것이다. 정신의 휴식시간을 취할 기회를 태블릿과 스마트폰에 빼앗겨서 사고를 통제할 능력을 잃고 있다. 집중의 기술은 자기 마음을 조종하여 자기 생각을 형성하는 능력이다. 따라서 집중력을 기르면 아이의 마음과 감정이 점점 강해질 것이다. 다음은 아이가 따라 할 수 있는 간단한 집중력 훈련이다.

••‣

과거에 즐겁게 놀았던 휴가지를 떠올린다. 5분 동안 눈을 감고 그 장소의
모든 것에—세세한 모습, 기후, 장소, 분위기에—집중한다.

아이의 마음에는 여러 생각이 떠오를 것이다. 휴가지와 상관없는
것들도 떠올라서 집중이 어려울 수 있다. 게다가 아이의 마음에 떠오
르는 생각들은 행복한 것들이 아닐 수 있다. 우리가 마음을 통제하는
게 아니라 마음이 우리를 통제하는 예다. 하지만 꾸준한 훈련을 통해
아이는 자기 생각을 관리하고 감독하는 주인이 될 것이다.

아이의 긍정적인 감정을 키워주는 데에도 비슷한 집중력 훈련을
사용할 수 있다. 방법은 다음과 같다. 아이에게 행복감 같은 긍정적
인 기분을 나타내는 그림이나 사진 하나를 선택하게 하라. 그것을 몇
분 동안 응시하게 하라. 나는 영화 〈록키〉의 주인공인 록키 발보아의
사진을 즐겨 사용한다. 투지를 보여주기 때문이다. 아이를 다음의 지
시에 따르게 하라.

••‣

몇 분 동안 그림이나 사진을 찬찬히 살펴본다. 그런 다음 눈을 감고 그림
이나 사진의 장면을 상상 속에서 생생하게 떠올려본다. 모든 세부 사항

을 떠올리려고 노력한다. 어느 정도 오랫동안 이미지를 생각 안에 붙들고 있는 것이 어려울 수 있다. 집중력을 처음 연습할 때처럼 어렵게 느껴질 것이다. 완전히 5분 동안 이미지의 구석구석까지 모든 세부 내용을 떠올릴 수 있을 때까지 연습하라. 걱정하지 않아도 된다. 아이는 충분히 할 수 있다.

아이가 이 간단한 훈련을 마스터하면 자기 생각을 통제하는 가장 중요한 첫 단계인 집중력 훈련을 익힌 것이다. 이를 출발점으로 삼고 더 나아가면 감정과 태도를 통제하는 방법을 배울 수 있다.

성공한 운동선수들도 비슷한 기술들을 규칙적으로 훈련한다. 실제로 운동선수들을 대상으로 상상을 통한 반복 운동을 하게 하고 실제 경기에서 실력을 발휘하는지 알아보는 여러 연구가 시행되었다. 한 연구에서는 올림픽에 출전하는 선수들을 정교한 바이오피드백 장치에 연결한 뒤 실제 시합을 한다고 상상하도록 만들었는데 시합할 때 움직이는 근육들과 동일한 근육들이 반응했다.[45] 이 실험은 생각이 몸과 감정을 통제한다는 사실을 보여주었다. 농구선수들을 대상으로도 비슷한 실험이 시행되었다. 한 집단은 일정 시간 동안 상상으로만 자유투를 연습하도록 했고, 다른 집단은 자신이 보통 하던 방식으로 진짜 자유투를 연습하도록 했다. 그런데 자유투를 상상한 집단과 진짜 자유투를 연습한 집단의 성공률은 같았다.[46] 우리도 이 책에서 설명한 간단한 훈련들을 통해 생각하고 느끼고 행동하는 방식을 개선할 수 있다.

＃ 불안 심리에서 벗어나기

걱정은 질병으로 이어질 수 있다고 한다. 소위 불안증이라는 것이다. 불안 심리는 무의식에서 올라온다. 무의식은 스펀지 같아서 우리 주변 세상의—엄청나게 많은—자극을 모두 흡수한다. 매일 쏟아지는 세계의 뉴스와 모든 형태의 미디어를 생각해보라. 우리는 무의식적으로 마음이 멋대로 이런저런 뉴스들 사이를 떠돌면서 그것들을 다 받아들이도록 허용한다.

이런 이유로 아이들의 무의식 역시 해로운 것들로 프로그래밍될 수 있다. 네 살짜리 아이가 사탕가게에 들어가면 사탕을 왕창 사고 싶은 심정과 비슷하다. 아이에게 사탕을 원 없이 먹이면 결국 재앙을 겪게 된다. 우리 마음에 해로운 뉴스와 생각이 떠도는 상태는 휴가지를 떠올리며 집중력 훈련을 할 때 머릿속에 잡념이 떠오르는 상태와 비슷하다.

불안증이나 우울증 같은 정신질환을 없애는 유일한 방법도 마인드 컨트롤이다. 여기에도 역시 집중력 훈련이 필요하다. 집중력을 얻는 방법은 마음의 조종석에 들어가서 거기에 있는 제어판을 장악하는 것이다. 이는 우리 아이들 역시 언젠가 건강한 성인이 되려면 반드시 배워둬야 하는 훈련법이다. 아이들은 마음챙김과 간단한 명상법을 배움으로써 자신의 삶을 통제하게 될 것이다. 처음에는 생소해서 복잡해 보일 것이다. 하지만 그렇지 않다. 그저 훈련만 하면 된다. 자기 마음이 내면의 힘을 깨닫도록 이끌 것이다. 그럼으로써 거듭날 수 있다. 부모와 아이 모두 이 과정이 잘 진행된다는 확신이 들 때까지 훈련하자. 반드시 잘 진행될 것이다.

베스트셀러《시크릿 *The Secret*》에서 저자 론다 번 Rhonda Byrne은 벤저민 프랭클린이 전기를 찾아 연구하던 1700년대에는 누구도 가능할 것이라 여기지 않았다고 설명한다. 전기는 눈에 보이는 것이 아니기 때문이다. 하지만 론다는 전기가 눈에 보이지 않지만 엄연히 존재한다는 사실을 우리가 안다고 지적한다.[47] 전등을 켜주고 냉장고를 가동해주는 이 신비로운 것을 어떻게 설명할 수 있을까? 전기는 눈으로 볼 수 없지만 실재하며, 우리는 그 존재를 100% 신뢰한다. 이에 대한 반론은 없다. 전기처럼 우리도 자신의 존재를 설명할 수 없지만, 우리가 실재한다는 사실을 알고 있다. 살과 피는 정신이나 에너지로 실존하는 '우리'의 몸일 뿐이다. 우리는 전기가 실재한다고 믿는 것처럼 우리가 현존한다고 믿어야 한다. 이 믿음은 가장 중요한 관계인 나와 자아와의 관계를 발견하는 데 매우 중요하다.

자아와 자기 결정을 믿는 아이

고래로 모든 문명은 모든 존재의 근원이 되는 보이지 않는 힘을 믿어왔다. 누구는 그것을 신이라 부르고, 누구는 에너지라 부르고, 누구는 정신이라고 불렀다. 우리가 어떻게 정의하는가와 상관없이 그 실체는 똑같다. 우리는 무엇이 풀을 자라게 하는지, 무엇이 상처를 낫게 하는지 마땅히 설명할 길이 없다. 하지만 그런 현상에는 어떤 원인이 존재한다는 걸 알고 있다. 우리는 보통 오감에 의존해 실재하는 것과 실재하지 않는 것을 판별한다. 하지만 이 오감 말고도 다른 감각이 존재하지 않을까? 토마스 아퀴나스도 "믿음을 가진 자에게는 설명이 필요 없고, 믿음이 없는 자에게는 설명이 불가하다"고 하지 않았는가?

22년간 전문 심리치료사이자 상담교사로서 수천 명의 삶 안에 들어갔다 나오다 보니, 내게는 제6의 감각이 발달했다. 이제는 사람을 만나면 몇 초 만에, 상대가 말을 꺼내기도 전에, 그가 어떤 기분 상태인지 정확히 알아챌 수 있다. 때로는 상대가 무슨 생각을 하고 있는지도 맞힐 수 있다. 남들의 감정에 맞추어 상담하는 것이 직업이다 보니 가능해졌다. 나는 사람들의 에너지를 느낄 수 있다. 그것은 실재한다. 눈에 보이지 않거나, 귀에 들리지 않거나, 코로 냄새 맡을 수 없다고 해서 이런 능력을 등한시하고 무시하는 것이 마땅할까? 당연히 아니다! 나는 그 능력을 유리하게 활용한다. 그래서 내가 상담하는 이들은 내가 자신의 감정을 잘 직감한다고 느끼고, 나는 그들을 잘 도울 수 있다. 따라서 자신의 역량이 오감에 국한된다는 생각은 떨치기 바란다. 우리는 오감을 뛰어넘는 존재라는 사실을 곧 깨달을 것이다.

믿음은 개인이나 실체에 대한 확신 또는 신뢰라고 정의할 수 있다. 사람들은 이 단어를 다음과 같은 경우에 사용한다. "모든 게 잘될 거라는 믿음을 가지세요." "나는 너에 대해 믿음이 있어." 그럴 때 사람들이 정말 말하는 뜻은 '정신을 차리고, 네가 원하지 않는 것 말고 네가 원하는 것에 집중해라'이다. 우리의 믿음을 끌고 가는 운전자는 마음이다. 아이가 성공, 건강, 부를 생각하며 산다면 언젠가는 그 생각의 보상을 수확할 것이다. 아이가 절망, 빈곤, 질병을 생각하고 산다면 언젠가는 그대로 될 것이다. 아이는 자신이 지고의 존재라는 믿음과 자기 생각을 만드는 자는 자신이라는 믿음을 키워나가야 한다. 그러지 못한다면 자신의 잠재력을 완전히 발휘하기 힘들 것이다.

　결론적으로 말해, 우리 인간이 지닌 가장 큰 재능은 생각하는 능력이다. 그런데 안타깝게도 우리 중 많은 이들이 이 능력을 디지털 기술에 넘겨주고서 제대로 생각하는 방법을 모른다. 하지만 아직 늦지 않았다. 우리는 달라질 수 있다. 올바른 사고법을 통해 내면의 자아에 이를 수 있다. 내면의 자아는 우리가 모든 것을 극복하여 잠재력을 발휘할 수 있게 해줄 모든 해답을 지니고 있다. 내면의 자아는 실재하며 우리는 그곳에 무제한으로 접속할 수 있다. 그런데도 그 사실을 모르고 있다. 그 전능한 세계에 접속된 사람들은 강하다. 그런 사람들은 적극성이라는 자석의 소유자다. 그들이 '외부' 세계에서 획득하는 것들은 모두 그 내면의 자석에 이끌려 온 것들이다. 부모와 아이들이 함께 내면의 자아를 단련하는 방법을 훈련하면, 자기 삶의 능력들을 균형적으로 운영할 수 있다. 그러면 커다란 행복과 성취를 이룰 수 있다.

　삶의 질은 아이가 자신의 자아, 즉 내면의 자아와 맺는 관계에 비례해 발전한다. 아이는 자신이 진정으로 누구인가를 배워야 한다. 아이의 자아는 소셜미디어상에 보유한 '친구'나 '좋아요' 수를 기준으로 매겨지는 피상적인 수치가 아니다. 아이들은 올바른 정신 수양법을 배우면 자아 찾기 작업을 훌륭히 해낼 수 있다. 아이가 명상법을 과연 익힐 수 있을까 하는 의구심이 든다면 앤드류 카네기가 한 다음 말을 기억하자. "당신이 할 수 있다고 생각하든 할 수 없다고 생각하든 둘 다 옳다." 아이를 위해 아무것도 안 하는 것보다는 뭐든 해야 하지 않을까? 언플러깅의 길에 신의 가호가 있기를 빈다!

1. Gary Small, Teena D. Moody, Prabha Siddarth, and Susan Y. Bookheimer, "Your Brain on Google: Patterns of Cerebral Activation during Internet Searching," *American Journal of Geriatric Psychiatry* 17:2 (2009): 116–26.

2. Benny Evangelista, "Attention Loss Feared as High-Tech Rewires Brain," *San Francisco Chronicle* (2009. 11. 15).

3. European College of Neuropsychopharmacology, 보도자료 (2016. 9. 19).

4. Marion K. Underwood and Robert W. Faris, "#Being13: Inside the Secret World of Teens," CNN Special Report (2015. 10), http://www.cnn.com/specials/us/being13.

5. Kevin P. Collins and Sean D. Cleary, "Racial and Ethnic Disparities in Parent-Reported Diagnosis of ADHD: National Survey of Children's Health (2003, 2007, 2011), *Journal of Clinical Psychiatry* 77:1 (2016): 52–59.

6. 개인정보 보호를 위해 상담 고객의 이름과 세부 정보는 실제와 다르게 적었다.

7. Victoria J. Rideout, Ulla G. Foehr, and Donald F. Roberts, "Generation M2: Media in the Lives of 8- to 18-Year-Olds," A Kaiser Family Foundation Study (2010, 1).

8. Victoria J. Rideout, Ulla G. Foehr, and Donald F. Roberts, "Generation M2: Media in the Lives of 8- to 18-Year-Olds," A Kaiser Family Foundation Study, (2010, 1).

9. "Zero to Eight: Children's Media Use in America 2013," A Common Sense Media Research Study (2013. 10).

10. Veronica Rocha, "2 California Med Fall Off Edge of Ocean Bluff while Playing

'Pokemon Go'," *Los Angeles Times* (2016. 7. 14).

11. Kirstan Conley, "Many NYC Students So Teach-Oriented They Can't Even Sign Their Own Names," *New York Post* (2016. 1. 27).

12. Haley Goldberg, "Your Smartphone Is Making You Hallucinate," *New York Post* (2016. 1. 5).

13. Helena Horton, "Could You Get 'Selfie Stomach'? Internet Addict Develops Painful Disease from Hunching over Her Computer," *The Telegraph* (2016. 1. 6).

14. Anthony Cuthbertson, "Smartphones Cause Drooping Jowls and 'Tech-Neck' Wrinkles in 18–39 Year-Olds," *International Business Times* (2015. 1. 12).

15. Chris Weller, "Texting Puts 50 Pounds of Pressure on Your Spine, Adding to Poor Posture's Side Effects," *Medical Daily* (2014. 11. 18).

16. Elisabeth Sherman, "Doctors Confirm That Cell Phones Cause Cancer," *All That Is Interesting* (2016. 5. 4).

17. Marion K. Underwood and Robert W. Faris, "#Being13: Inside the Secret World of Teens," CNN Special Report (2015. 10), http://www.cnn.com/specials/us/being13.

18. Susan Kelley, "'Likes' Less Likely to Affect Self-Esteem of People with Purpose," *Phys.Org* (2016. 9. 21).

19. Sabrina Tavernise, "Young Adolescents as Likely to Die From Suicide as From Traffic Accidents," *New York Times* (2016. 11. 3).

20. Rachel Simmons, *Odd Girl Out: The Hidden Culture of Aggression in Girls* (New York: Mariner Books, 2003).

21. Eyal Ophir, Clifford Nass, and Anthony D. Wagner, "Cognitive Control in Media Multitaskers," *Proceedings of the National Academy of Sciences of the United States of America* 106: 37 (2009), 15583–15587.

22. Sanjay Gupta, "Your Brain on Multitasking," CNN, http://www.cnn.

com/2015/04/09/health/your-brain-multitasking.

23. Gary Small, Teena D. Moody, Prabha Siddarth, and Susan Y. Bookheimer, "Your Brain on Google: Patterns of Cerebral Activation during Internet Searching," *American Journal of Geriatric Psychiatry* 17:2 (2009): 116–26.

24. Benny Evangelista, "Attention Loss Feared as High-Tech Rewires Brain," *San Francisco Chronicle* (2009. 11. 15).

25. Travis Bradberry, "Multitasking Damages Your Brain and Your Career, New Studies Suggest," Talentsmart.com, (2016. 11. 16. 접속), http://www. talentsmart.com/articles/Multitasking-Damages-Your-Brain-and-Your-Career-New-Studies-Suggest-2102500909-p-1.html.

26. Jeff Guo, "Why Smart Kids Shouldn't Use Laptops in Class," *Washington Post* (2016. 5).

27. James Doubek, "Attention, Students: Put Your Laptops Away," NPR Weekend Edition Sunday (2016. 4. 17).

28. Common Sense Media, "Distraction, Multitasking and Time Management" (2014).

29. Tom Phillips, "Taiwan Orders Parents to Limit Children's Time with Electronic Games," *The Telegraph* (2015. 1. 28).

30. Tom Phillips, "Chinese Teen Chops Hand off to 'Cure' Internet Addiction" (2015. 2. 3).

31. "Stories of Video Game Addiction," (2016. 11. 16. 접속), http://www.video-game-addiction.org/stories-of-addiction.html.

32. "Global Report: US and China Take Half of $113BN Games Market in 2018," Newzoo (2015. 5. 18).

33. John Raphael, "Study: How Videogame Addiction Affects Sleep Habits, Obesity, Cardio-Metabolic Health," *Nature World News* (2016. 5. 11).

34. Norman Herr, "Television & Health," (2016. 11. 16. 접속), http://www.csun.

edu/science/health/docs/tv&health.html.

35. "Technology Addiction: Concern, Controversy, and Finding Balance," Common Sense Media Research Report (2016. 5).

36. Janet Morrissey, "Your Phone's on Lockdown. Enjoy the Show," *New York Times* (2016. 10. 15).

37. "Emotional Intelligence: Mixed Model," Universal Class, (2016. 11. 16. 접속), https://www.universalclass.com/articles/psychology/emotional-intelligence-mixed-model.htm.

38. Peter Gray, "Declining Student Resilience: A Serious Problem for Colleges," *Psychology Today* (2015. 9. 22).

39. Clifford Nass, "Are You Multitasking Your Life Away?," TEDxStanford, https://www.youtube.com/watch?v=PriSFBu5CLs.

40. Roy Pea, Clifford Nass 외, "Media Use, Face-to-Face Communication, Media Multitasking, and Social Well-Being among 8- 12-Year-Old Girls," *Developmental Psychology* 48:2 (2012): 327–336.

41. Barbara K. Hofer and Abigail Sullivan Moore, *The iConnected Parent: Staying Close to Your Kids in College (and Beyond) While Letting Them Grow Up* (New York: Atria Books, 2010).

42. Peter Gray, "Declining Student Resilience: A Serious Problem for Colleges," *Psychology Today* (2015. 9. 22).

43. Greg Lukianoff and Jonathan Haidt, "The Coddling of the American Mind," *The Atlantic* (2015. 9).

44. "Don't Believe Everything You Think," Cleveland Clinic Wellness (2016. 11. 16. 접속), http://bit.ly/2fXAd7S.

45. Ken Johnston, "The Olympics, Then...Now...and the Edge," Creating Positive Change (2016. 11. 16. 접속), http://freshairecreatingpositivechange.blogspot.com/2010/02/olympics-thennowand-edge.html.

46. Joe Haefner, "Mental Rehearsal & Visualization: The Secret to Improving Your Game Without Touching a Basketball!," Breakthrough Basketball (2016. 11. 16. 접속), https://www.breakthroughbasketball.com/mental/visualization.html.

47. Rhonda Byrne, *The Secret* (New York: Atria Books, 2006).

www.tomkersting.com

tom@tomkersting.com

http://bit.ly/2gCB2Z7

☼우리아이
스마트폰
처방전

초판 1쇄 인쇄 2020년 4월 25일
초판 1쇄 발행 2020년 5월 5일

지은이 토마스 커스팅
옮긴이 이영진
펴낸이 정용수

사업총괄 장충상 본부장 홍서진
편집장 박유진 책임편집 김민기
디자인 김지혜 영업·마케팅 윤석오
제작 김동명 관리 윤지연

펴낸곳 ㈜예문아카이브
출판등록 2016년 8월 8일 제2016-000240호
주소 서울시 마포구 동교로18길 10 2층(서교동 465-4)
문의전화 02-2038-3372 주문전화 031-955-0550 팩스 031-955-0660
이메일 archive.rights@gmail.com 홈페이지 ymarchive.com
블로그 blog.naver.com/yeamoonsa3 인스타그램 yeamoon.arv

한국어판 출판권 ⓒ ㈜예문아카이브, 2020
ISBN 979-11-6386-044-0 03590

DISCONNECTED